玩转罗布乐思Roblox新手开发完全攻略

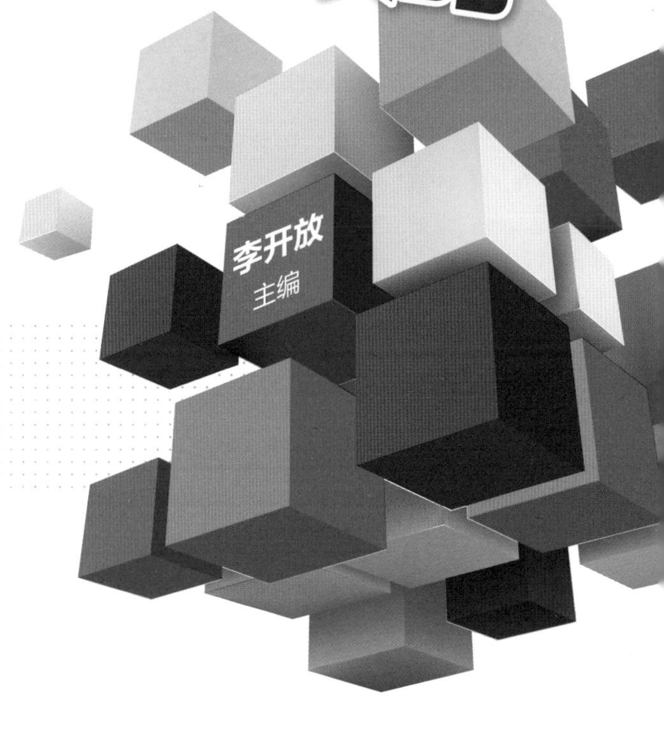

李开放
主编

化学工业出版社
·北京·

内 容 简 介

罗布乐思Roblox Studio是一款应用型编程学习软件。本书通过有趣的案例引导读者熟悉Roblox Studio的基本操作，培养编程兴趣，掌握基本的编程技巧，能够完成简单游戏的开发。全书共五章：第一章主要初识罗布乐思编程器Roblox Studio；第二章通过一个小游戏熟悉Roblox的基本操作；第三章通过一个综合案例介绍各种模型的设计操作；第四章介绍编程基础；第五章介绍游戏的发布与测试。全书内容基础且详尽，循序渐进，一步一图，同时配套讲解视频，能够帮助读者快速熟悉Roblox，创造出属于自己的游戏。快来感受开发的乐趣与编程的魅力吧！

图书在版编目（CIP）数据

玩转罗布乐思：Roblox新手开发完全攻略 / 李开放主编. —北京：化学工业出版社，2022.6

ISBN 978-7-122-41190-7

Ⅰ. ①玩… Ⅱ. ①李… Ⅲ. ①游戏程序–程序设计 Ⅳ. ①TP317.6

中国版本图书馆 CIP 数据核字（2022）第 059574 号

责任编辑：曾　越　　文字编辑：郑云海　温潇潇
责任校对：杜杏然　　装帧设计：水长流文化

出版发行：化学工业出版社（北京市东城区青年湖南街 13 号　邮政编码 100011）
印　　装：天津市银博印刷集团有限公司
880mm×1230mm　1/32　印张 5¾　字数 153 千字　2023 年 3 月北京第 1 版第 1 次印刷

购书咨询：010-64518888　　售后服务：010-64518899
网　　址：http://www.cip.com.cn
凡购买本书，如有缺损质量问题，本社销售中心负责调换。

定　　价：69.80 元

我与罗布乐思的故事

2019年5月，腾讯与全球最大的数字创作工具罗布乐思（Roblox）建立战略合作关系。两方成立合资公司，通过打造“游戏+教育”形式，用以培养下一代的编程、科技人才和内容创造者。而在这国际上引起巨大反响的消息公布后不久，我竟十分有幸成为Roblox中国首批“真”接触人员之一。

2019年，在炎热的深圳，我与门罗机器人董事长杨兴义先生以科技教育参与者的身份来到腾讯互娱，在听了郑宇先生（腾讯罗布乐思生态负责人）对Roblox教育先锋计划的热情介绍后，我们进行了交流，这次交流也正式开启了我与罗布乐思长达三年的故事。

罗布乐思（Roblox）作为一种基于LUA语言并且可以3D实体建模的开发引擎，其所具备的简单、直观而又不失强大的特点深深吸引了我。但是全英文的开发界面与满屏的英文教程，阻碍了Roblox在国内教育端的普及进程，我深知缺乏的不是知识，而是学而不厌的态度。多年来我接触了大量的大、中、小学生群体，也接触到众多STEM教学老师与高校教师，作为教育参与者与游戏开发者，让我更加坚定地要从教育层面，把Roblox普及推广开来。基于我自身与团队成员的大量Roblox的课程开发与教学反馈，决定着手用文字编写出无论是青少年还是编程小白都能掌握的入门级开发者手册。虽然是用爱发电，但是我坚信这个电流会一直持续下去，让更多的中国青少年及开发者能使用这样一款应用级的教育+游戏的编程开发引擎。就像罗布乐思中国团队传递的思想一样，用最棒的Roblox，面向全球输出中国文化。

本书的编写得到罗布乐思中国团队的授权及支持，内容浅显易懂，图文结合，绝大部分操作步骤都做了一步一图的演示说明，再配合录制的公开视频，相信读者能轻松愉快地成为一名合格的开发者。

《玩转罗布乐思：Roblox新手开发完全攻略》是我人生中第一本正式的作品，这本书能够顺利出版，不得不感谢一路走下来的伙伴。

感谢参与本书编写的技术人员戴光伟先生。

感谢门罗机器人董事长杨兴义先生以及我的伙伴吴锐女士，是你们的信任给予了我教育生涯中一个难得的经历。

感谢罗布乐思团队的伙伴们给予的莫大帮助。感谢一直和我在工作上紧密联系的罗布乐思团队成员Sarah（李小钊）。

感谢我的同事汪文老师，我制作视频的热情也是看了汪文老师的罗布乐思官方精彩直播后受到的启发，在共事的这段时间，我们共同开发游戏，探讨课程设计方案，打磨升级技术资料，共同组织多次基于Roblox的教学与教研，实属非常难忘。

最后感谢自己，因为对Roblox的热爱，才能够有机会把自己的积累与成果分享给更多的Roblox开发者们。

主编

目录

第五章 | 作品的发布与测试

第一章 Roblox Studio简介

第一节 Roblox Studio安装与启动

从现在开始我们就要进入Roblox元宇宙的大门了，接下来的内容会教你如何安装与启动Roblox，你准备好了吗？

1. Roblox Studio的安装

同时适用于Windows和Mac系统的Roblox Studio是Roblox游戏必不可少的构建工具。Roblox Studio为免费软件，无需购买使用许可。

以下操作系统OS/硬件将确保Roblox Studio可以顺畅地运行：

PC/Windows：Windows7、Windows8/8.1或Windows10，运行IE（互联网浏览器）版本11或更高。在Windows8/8.1中你需要在桌面模式中运行Roblox，因为都市模式（分格的开始界面）目前尚未支持。

- **Mac**：macOS 10.11（EI Capitan）或更高版本。
- **显卡**：最低要求Nvidia：GeForce 9600GT；AMD：HD6570；Intel：HD4600集成显卡。
- **处理器**：频率为1.6GHz或更高。
- **内存**：至少1GB系统内存。

· **网络访问**：这可让软件保持更新并能将项目保存至你的Roblox账户。

此外，带滚轮的双键鼠标将增强你的体验。

2. Roblox Studio下载

访问网站罗布乐思官网，如图1.1。

图1.1 罗布乐思网站首页

点击“教育”，出现如图1.2所示界面。

图1.2 教育界面

点击“开始创作”，根据你的电脑操作系统下载相应的版本并安装，下载界面如图1.3所示。

图1.3 下载界面

3. Roblox Studio启动

下载后的桌面图标（带有qq后缀的为国内版编辑器）如图1.4所示。

点击桌面图标并登录，之后会出现更新界面，请耐心等待更新完成。完成后会出现如图1.5的登录界面，选择微信或者QQ登录。微信与QQ都可以扫码登录，而QQ登录还可以通过输入QQ账号和密码登录。

图1.4 桌面图标

图1.5 登录界面

登录成功后出现如图1.6的界面。

到这里，我们的Roblox Studio就完成了下载安装与启动。

图1.6 软件界面

> **提示**
>
> 安装和登录过程不需要其他操作。目前无法连接的绝大多数原因属于网络问题或者服务器维护。请不要使用VPN。使用中遇到任何问题，可以加入QQ群931247559进行咨询了解。

第二节 体验Obby模板（障碍跑游戏）

接下来体验一下Roblox Studio自带的模板游戏。在体验之前，需要简单地熟悉一下Roblox Stuido的基本操作。

1. Roblox Studio基本按键

请根据图1.7所示按键，自行在任意打开窗口进行尝试。

控制	操作
W	向前
S	向后
A	向左
D	向右
Q	向下
E	向上
Shift	更改镜头速度
鼠标右键	转动镜头
鼠标中键	平移镜头
F	将镜头聚焦到所选部件上

如果镜头未移动，首先单击游戏编辑器窗口。

图1.7　**基本按键**

2. 打开障碍跑模板

我们先来看一个障碍跑（“障碍跑游戏”的简称）示例。在障碍跑中，玩家从一个位置跳到另一个位置，同时要避开障碍物才能到达关卡的终点。

模板是预构建的Roblox项目，可用作自己游戏的起点。你可以测试现有的障碍跑模板以了解接下来将要创建的内容。

在Roblox Studio中，单击左上角的“新增”按钮，如图1.8所示。

如果你有任何打开的项目，请先按照以下顺序关闭它们：“文件”→“关闭文件”，以便访问“新增”按钮。

查找名为“Obby”（障碍跑）的模板，如图1.9，然后单击该图块将其打开。

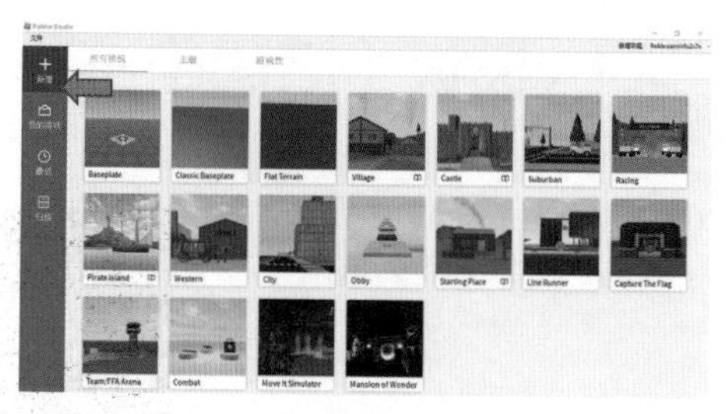

图1.8　**点击“新增”**

图1.9　**Obby模板**

3. 体验障碍跑游戏

要测试障碍跑模板，只需按“开始游戏”按钮，如图1.10所示。

图1.10 **点击“开始游戏”按钮**

在游戏中，使用图1.11所示的控制项。

控制	行动
WASD	移动角色
空格键	跳跃
鼠标右键	环顾四周

图1.11 **控制项**

4. 停止游戏

要停止游戏，请按“停止”按钮。如图1.12所示的两个地方的停止按钮都可以实现停止游戏的功能。

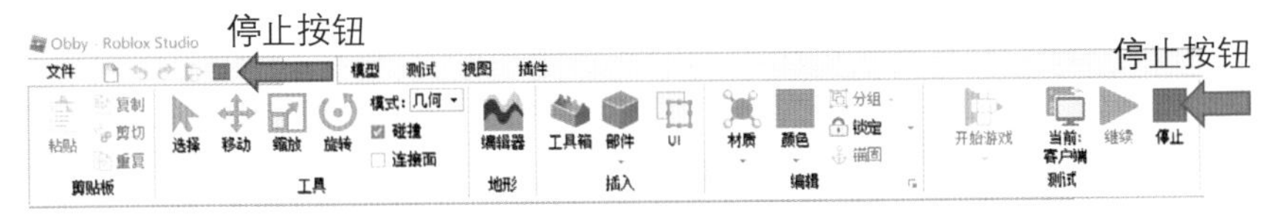

图1.12 **点击“停止”按钮**

到这里，我们就已经掌握了最基本的模板打开与关闭方法，更多的模板可以自行体验。

第三节 Roblox Studio的基本工具栏

1. 基本界面

Roblox Studio的基本界面如图1.13所示。

图1.13　**基本界面**

（1）新增

通过点击“新增”按钮，出现系统模板界面，其中包含了系统空白的编辑界面。

（2）我的游戏

此栏显示的是账号已经编辑并发布到Roblox的游戏。

（3）最近

此栏显示的是最近编辑过的本地游戏与发布到网络上的游戏。

（4）归档

相当于回收站，所有归档的游戏都会在这里进行还原。

2. Roblox Studio设置

点击“文件”→“Studio”可以对编辑器的语言、颜色等进行设置，如图1.14所示。初学者的Studio主题可以用默认，随着开发技术的深入，后期可以调为黑色，便于长时间使用时对眼睛的保护。

图1.14　**设置界面**

3. Roblox Studio编辑界面的认识

（1）首页

首页里面包含了我们平常编辑会用到的一些常用快捷按钮，如图1.15所示。

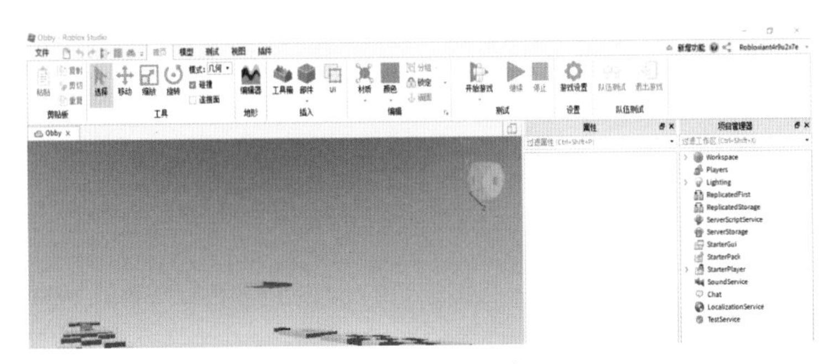

图1.15　**编辑界面首页**

首页不过多介绍，这里我们点击编辑器按钮，会跳出一个独立的小窗口，如图1.16，名为地形编辑器。

这个窗口是我们用来编辑地形的，默认在Studio的左边，将在后面的课程中单独介绍。

图1.16　**地形编辑器**

(2)工具箱

工具箱内有开发者与官方上传的资源，包含模型、图片、网格、音频、插件，如图1.17所示。其中大部分是免费的，小部分需要付费。我们在使用工具箱模型的时候，注意删除掉里面不需要的代码。

图1.17　**工具箱**

(3)模型工具栏

模型工具栏包含了最基本的部件生成与部件的材质颜色等属性，如图1.18，其中还包含特效与铰链等特殊功能按钮，这些按钮会在接下来的章节里使用到。

图1.18　**模型工具栏**

(4)测试工具栏

在测试工具栏中点击“开始游戏”下方箭头，会出现三个选项，如图1.19所示。

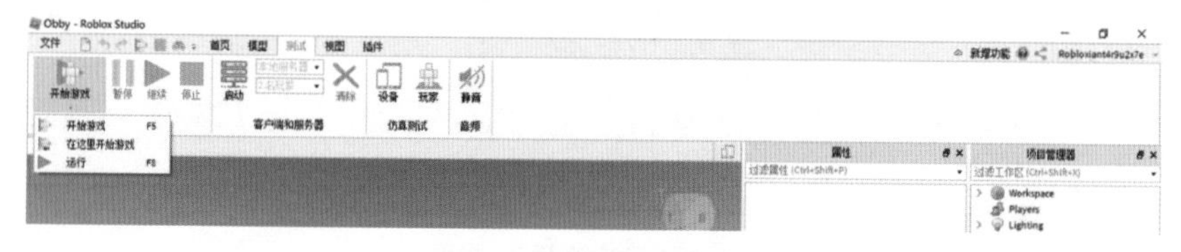

图1.19　**测试工具栏**

其中“开始游戏”为默认的选项。点击“开始游戏”，会有玩家形象的小人加载到编辑界面，而小人的出生点是游戏内已经建立的出生点部件处，如果游戏内未创建出生点部件，会默认从游戏世界的最中心处出生。

点击“从这里开始游戏”会从开发者屏幕上视角停留的中心位置生成小人。这种情况便于测试，但是如果此时屏幕中间无地形与部件供小人站立，那么小人就会摔死，然后重生，并且在点击停止按钮前无限循环。

“运行”按钮作为测试游戏内创建的部件或者代码是否正常运行的按钮，不会加载玩家小人进入游戏世界，并且其运行速度是三个按钮中最快的，仅供测试的时候使用。如果游戏设置了玩家生成触发的程序，请选择“开始游戏”进行测试。

（5）视图工具栏

视图工具栏包含了所有能够产生窗口的工具按钮，其中比较常用的有项目管理器、属性、素材管理器、工具箱、组队创作、地形编辑器等，如图1.20所示。

图1.20　**视图工具栏**

①项目管理器。早期版本也叫资源管理器，包含了我们开发游戏需要的所有元素，包括基本的部件与Model、音效、代码等，如图1.21所示，窗口大小可自由调节。项目管理器各项功能说明如图1.22所示。

②属性。属性是项目管理器中选中的栏目呈现出的属性，例如选中Workspace里的一个部件，就会呈现出部件的所有可调节或者可观察的属性状态，供开发者使用。属性显示为英文，便于在开发过程中的程序调用，

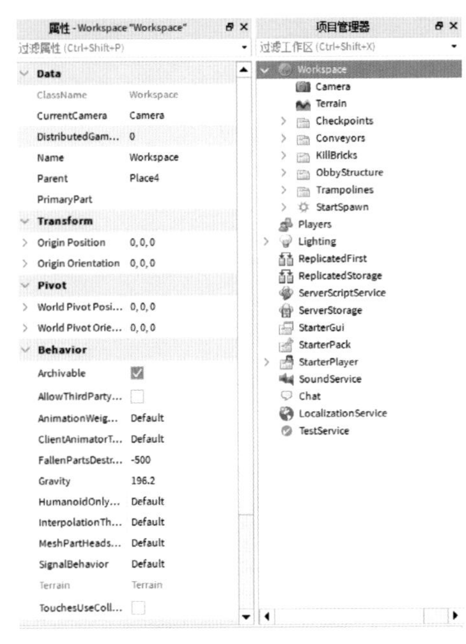

图1.21　**项目管理器**

图1.22　**项目管理器功能说明**

窗口大小可调节。如图1.23，属性栏目呈现出了包括部件的颜色（BrickColor）、材质（Material）、透明度（Transparency）、行为（Behavior）中的锚固（Anchored）等可调节项。

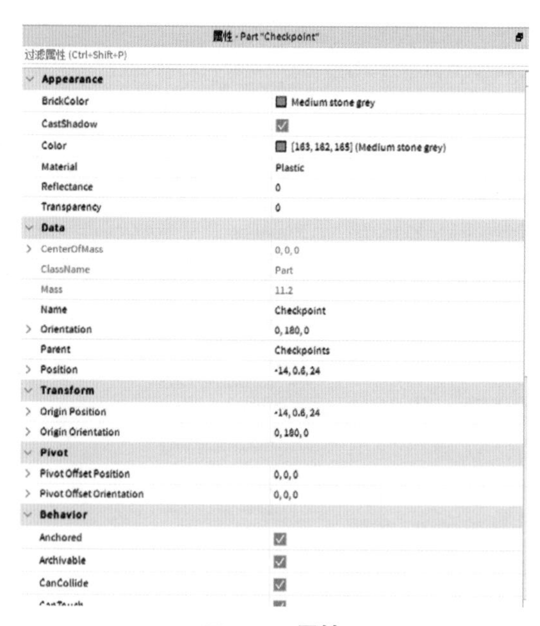

图1.23　**属性**

③ 素材管理器。Roblox的所有游戏资源都实现了在线存储，包括纹理、模型和音频文件等。与许多引擎不同，玩家和开发者都无需进行任何本地游戏资源存储。这样可以实现更好的团队协作，并有助于缓解版本较为陈旧的玩家设备上可能出现的存储空间问题。

所有资源都有与单个Roblox账户关联的唯一ID，并且在上传时会自动将其提交给Roblox的审核团队。审核通常只需几分钟，审核通过的资源才可以在Roblox Studio中使用。

以图像为例，开发者可以在Roblox Studio中上传图像作为3D世界中的纹理使用，也可以用作菜单和交互式对象GUI的一部分。

Roblox接受png、jpg、tga或bmp格式的图像。最简单的图像上传方法为使用素材管理器窗口，从Roblox Studio的视图选项卡处进行访问，如图1.24所示。

图1.24 选择“素材管理器”

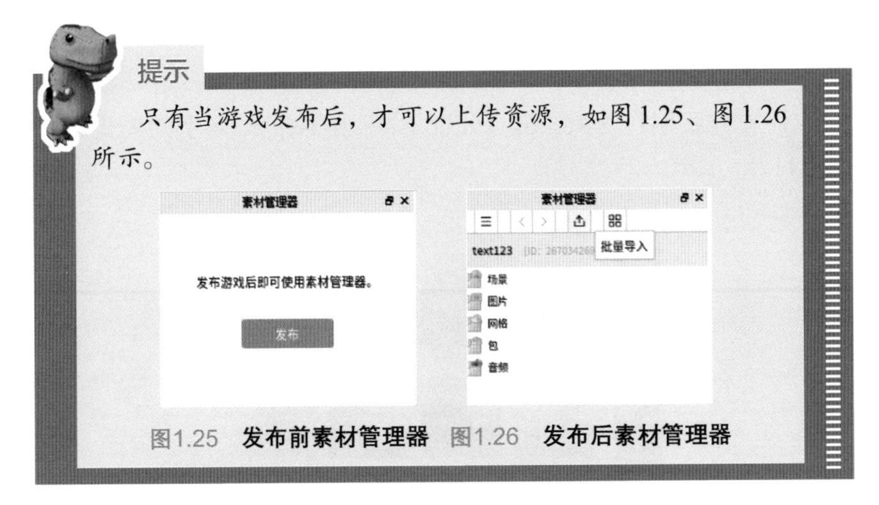

提示

只有当游戏发布后，才可以上传资源，如图1.25、图1.26所示。

图1.25 发布前素材管理器 图1.26 发布后素材管理器

更多工具栏内容，将在接下来的章节里进行演示。

第四节 制作闪烁灯

现在我们已经对Roblox Studio进行了一个简单的了解，那么通过本书的学习，我们可以达到什么样的水平呢？

接下来通过制作一个闪烁灯向大家演示。

此教程涉及代码编程，但不用担心，跟着步骤一步一步地做就行。本节教程不会去过多解释代码与每一步的原理，因为后面的章节我们会进行详细的介绍，所以只需要跟着步骤调试出结果即可。

感受开发的乐趣与编程的魅力吧！

1. 什么是闪烁灯

闪烁灯就是会发出不同颜色，并且光的亮度会忽明忽暗的灯，类似于警报灯与蹦迪氛围灯。

2. 制作过程

① 首先我们打开Roblox Studio，找到Baseplate名字的模板，并点击打开，如图1.27。

图1.27 模板界面

② 点击“部件”按钮，如图1.28，选择球体部件。重复此操作三次，此时生成三个灰色的球体部件。

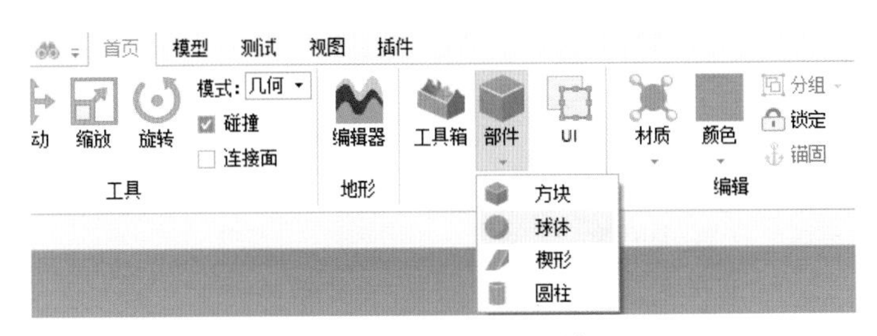

图1.28 **点击“部件”按钮**

③ 三个部件的位置可能会堆叠在一起，此时，我们需要点击工具栏上的移动按钮，并通过鼠标点击拖拽的方式把三个球拉开，随便移动到不重合与不堆叠的位置即可，如图1.29、图1.30所示。

图1.29 **移动部件**

图1.30 **移动后的结果**

④ 这个时候我们会发现Workspace里面（如果不清楚Workspace在哪里，请回到第一章第三节查看）有三个名字为Part的部件，这就是可视化区域的三个灰色球体的名字。现在我们给每个球改一个名字，以Part1、Part2、Part3命名，便于我们识别和后面的编辑。对选中的Part点击右键，找到“重命名”，并输入Part1，按照1、2、3的顺序依次更改剩余两个部件的名字，如图1.31所示。

⑤ 既然是闪烁灯，那么肯定有不同的颜色。接下来，我们通过鼠标左键选中第一个球体，点击工具栏上的“颜色”按钮箭头，弹出颜色选项框，选择红色，如图1.32所示。

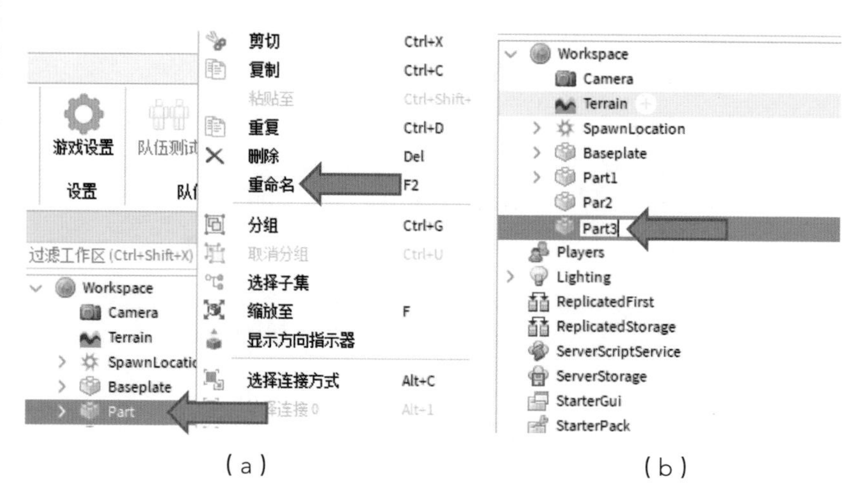

图1.31　**部件重命名**

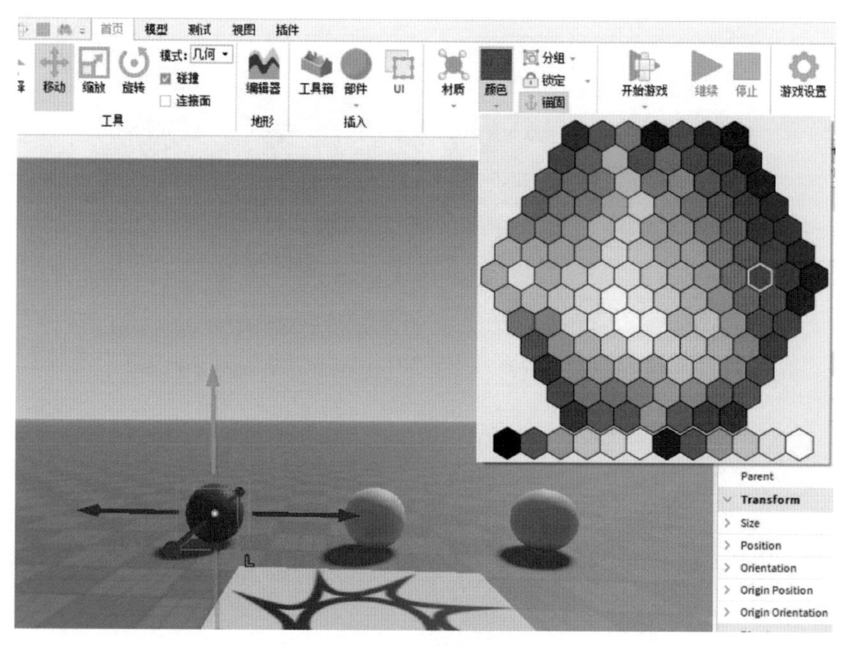

图1.32　**设置颜色**

⑥ 用相同的方法依次把剩余的两个球体改成黄色与蓝色，如图1.33所示，当然也可以改成任意你喜欢的颜色。

图1.33 **设置剩余球体的颜色**

⑦ 现在我们要给每个球加上灯光效果。找到Workspace区域里的任意一个球体，点击“+”，如图1.34，弹出选项后，选择“PointLight”（点光源）进行添加，如图1.35。重复此步骤，给其他两个球体也加上PointLight。

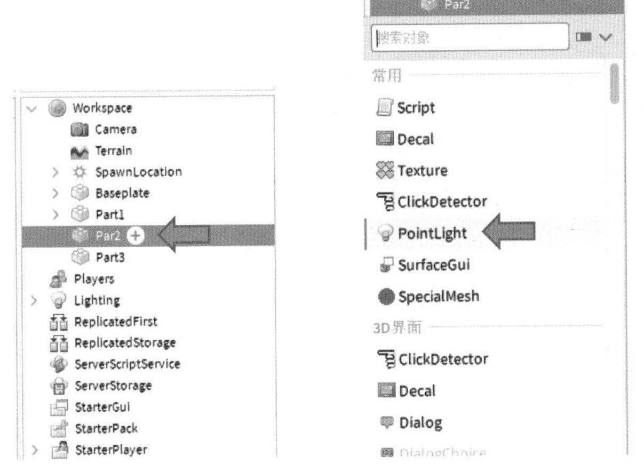

图1.34 **加入灯光效果（一）** 图1.35 **加入灯光效果（二）**

⑧ 选中Part部件下的PointLight，点击“属性窗口”，找到PointLight上的Color属性，点击并选中跟球体同样的光颜色，如图1.36所示。

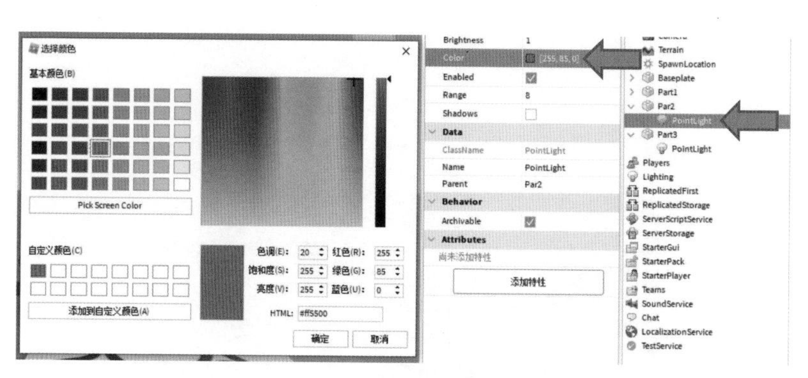

图1.36　**设置光颜色**

⑨ 此时我们发现球体上的光线并不是很明显，这是因为我们设置的默认光源的光强度与光范围都很小，而且可视化编辑窗口内的世界明显处于白天。我们可以通过调节项目管理器里面的Lighting（如图1.37）选项的属性窗口，找到TimeOfDay选项，把数字设置成0，即变成黑夜，这时我们就可以看到球体发出来的微弱亮光。

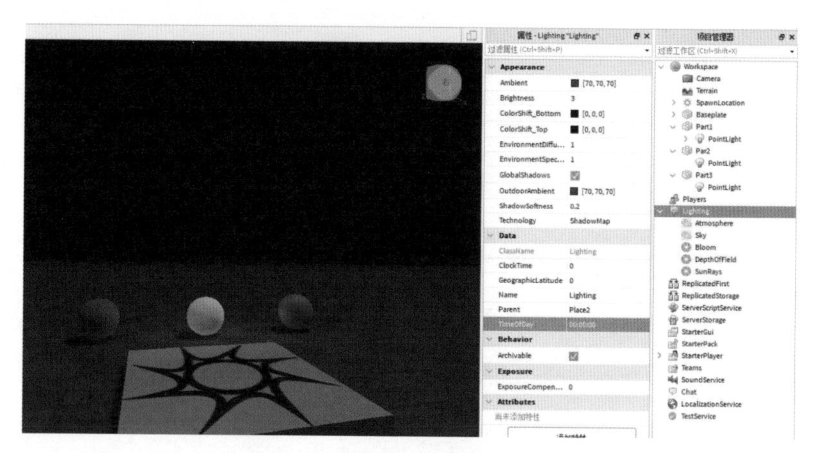

图1.37　**修改TimeOfDay的值**

⑩ 接下来就是展示真正技术的时候。选中项目管理器中名为Part1的部件子集，选中PointLight，点击“+”，在输入框内输入S，则会自动弹出名为Script的选项。点击“Script”，添加脚本，此时窗口会自动弹出名为Script的窗口，如图1.38所示。

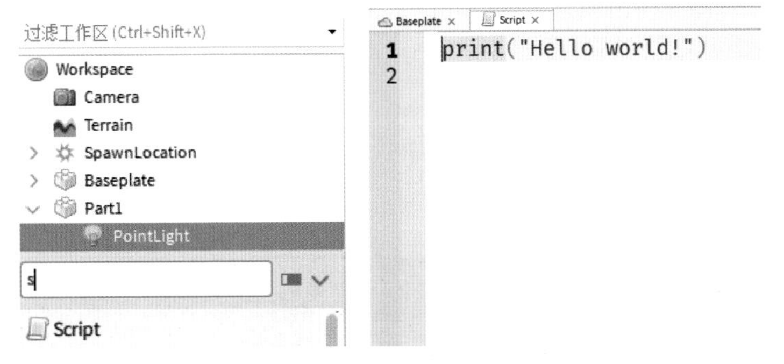

图1.38 Script窗口

⑪ 点击Script窗口，选中名为print（ “Hello world！ ”）的代码，点击右键，进行删除，如图1.39。

图1.39 删除原有代码

此时我们的脚本窗口就没有任何代码了。将下方代码输入到Script（脚本）窗口。记住代码输入的时候，请把输入法切换成英文输入法，中文输入法输入的代码无法运行。依次把Part2、Part3都按照以上步骤操作。

```
script.Parent.Range =18
while true do
for i=1 ,10 ,3 do
script.Parent.Brightness = i
wait(0.1)
if i==10 then
break
end
end
i=1
end
```

注意区分代码字母的大小写。本段代码的大意为，设置光源的光亮范围（Range）为18，然后无限循环，光源亮度从1～10变化，达到快速闪烁的效果。

点击“开始运行”，我们一起来看效果吧。运行效果如图1.40、图1.41所示。

图1.40　**运行效果（一）**

图1.41　**运行效果（二）**

如果想要蹦迪的效果，我们可以尝试把球体移动到空中，在移动前需要停止游戏。当球体到达想要的位置，点击“锚固”按钮，如图1.42所示，不然球体会掉落下来，因为Roblox Studio是模拟真实物理环境的。

图1.42　**设置“锚固”**

到这里我们的闪烁灯就完成了。其实制作模型是非常简单的，唯一的难点就是代码的编写。在接下来的章节里面，我们会用多种有趣的实例来教会大家如何用Roblox Studio编辑出酷炫小游戏。

第二章 Roblox使用基础

第一节 创建基本块

现在你已了解障碍跑是什么，是时候创建你自己的障碍跑游戏了。本节我们将从所有Roblox开发者都会创作的游戏障碍跑开始。

1. 使用模板

现在，单击Baseplate（底板）模板从新项目文件开始，如图2.1。

图2.1 底板模板

2. 删除底板

由于我们需要一个完全空白的世界来制作障碍跑游戏，因此必须要删除底板。

在“项目管理器”窗口中，单击“Workspace”旁的小箭头展开

树，如图2.2所示。

单击“Baseplate”（底板）以选中它，如图2.3。按键盘上的Delete，或者鼠标右键选择删除。

图2.2　**展开Workspace树**

图2.3　**选中Baseplate**

3. 创建部件

在工具栏中点击部件的下拉箭头，然后选中“方块”，如图2.4所示。

图2.4　**选择“方块”部件**

该操作将在镜头视角的正中心创建新的部件，如图2.5所示。

图2.5　**创建的方块部件**

4. 移动部件

要将新部件移至所需位置，有以下步骤：

① 选择该部件（在游戏编辑器窗口中单击它）。

② 使用之前学习的镜头控制来获得合适的视角。

③ 选择“移动”工具，如图2.6所示。

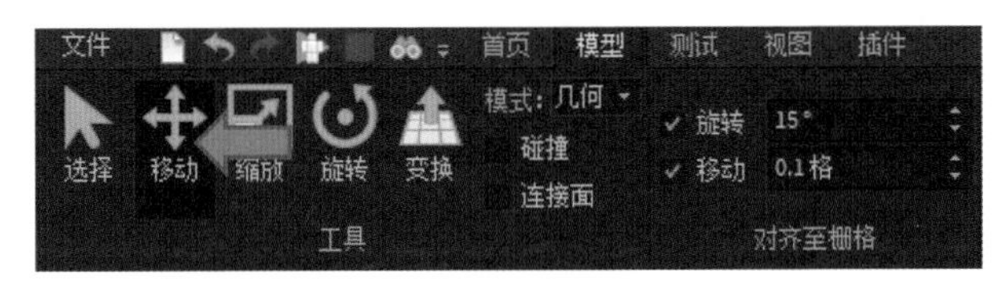

图2.6 **选择“移动”工具**

④ 拖动带颜色的箭头将部件移至重生位置附近，作为玩家第一次跳跃的目标，如图2.7所示。

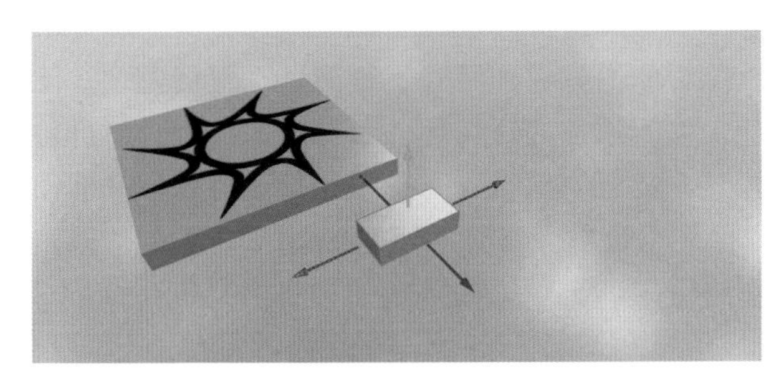

图2.7 **移至重生位置附近**

5. 部件对齐

在Roblox中，格是基本的测量单位。如图2.8所示的白色栅格显示每个格的大小。

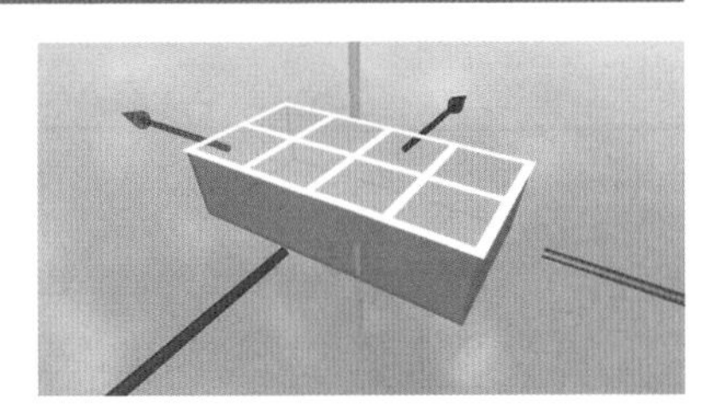

图2.8 **白色栅格**

如果部件一次仅按“步”移动或旋转45°，这是因为使用了“对齐”。在移动应当准确放在一起的部件（例如建筑物的墙）

时，“对齐”非常有用。

要调整对齐大小，请为“旋转”或“移动”输入不同的数值（或单击字段内的小箭头），如图2.9所示。

图2.9　**调整对齐大小**

或者，也可以取消“旋转”或“移动”旁边方框中的“√”，来关闭对齐。

6. 在场景中锚固部件

如果现在对你的障碍跑游戏进行测试，就会发现，除了角色生成位置以外，你所添加的任何部件都将自由掉落。对部件进行锚固后，即可将其固定至当前位置，并阻止其进行移动。即使是被玩家或其他对象撞到，也不会挪动半分。

选择部件后，点击“锚固”按钮即可对其进行锚固，如图2.10所示。

图2.10　**锚固部件**

7. 缩放与旋转部件

更改部件的大小和角度不仅能够让你发挥自己的创意与设计，还可以借此调整游戏难度。

（1）缩放部件

在Roblox Studio中，你可以十分轻松地沿任意轴对部件尺寸进行调整。

① 选中“缩放”工具，如图2.11所示。

② 选择障碍跑中的部件，朝任意方向拖动带颜色的握柄，如图2.12所示。

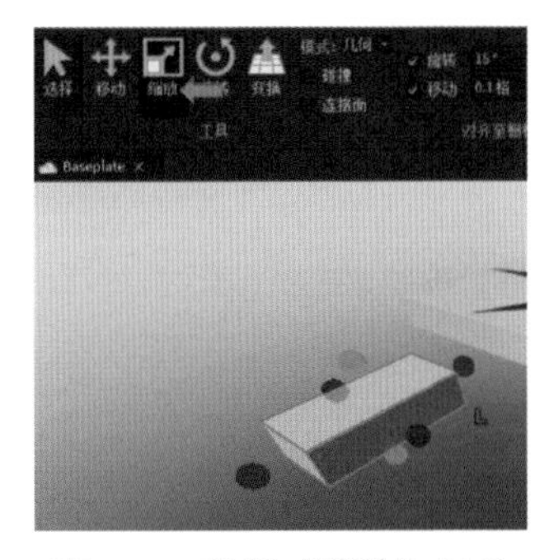

图2.11 **选择“缩放”工具**

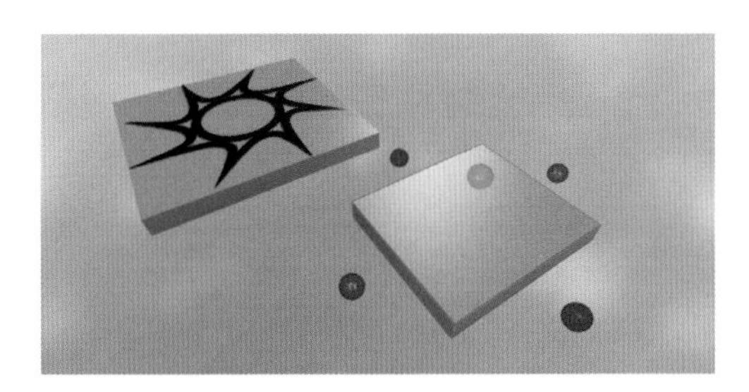

图2.12 **拖动握柄调整尺寸**

（2）旋转部件

旋转部件的操作方式与缩放操作相似。

① 选择“旋转”工具，如图2.13所示。

② 拖动球体上的握柄，使其绕轴旋转，如图2.14所示。

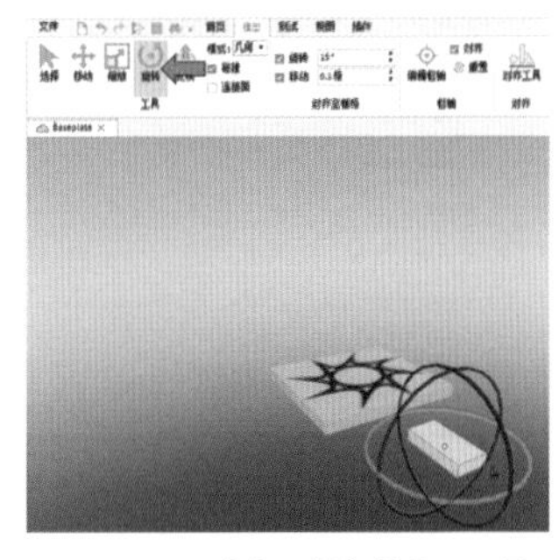

图2.13 **选择“旋转”工具**

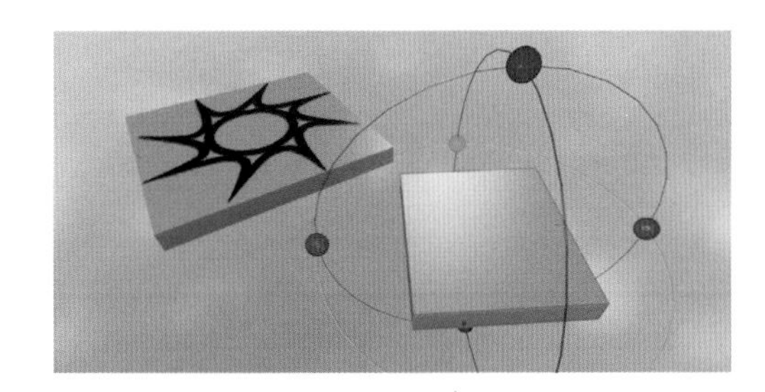

图2.14 **拖动握柄旋转**

8. 打开碰撞

在Roblox Studio中，“碰撞”选项可以控制是否阻止一个部件

移动至另一个部件中。要打开或关闭碰撞，请选中“碰撞”选项，如图2.15所示。

图2.15　**选中“碰撞”选项**

如果将碰撞设置为开，则无法将一个部件移至任何一个会与另一个部件重叠的位置。如果将碰撞设置为关，则可将部件随意移动至任意一个位置，也可以与其他部件进行重合。

9. 调整部件透明度属性

点击工具栏，点击“属性”按钮，如图2.16所示。

此时编辑器右边会出现属性窗口，如图2.17。

选中需要改变透明度的部件，然后找到名为Transparency的选项进行调节即可。

透明度的有效范围为0～1。当将其设为0时，该部件将完全为实体；设为1时，部件将会完全透明（不可见）。

图2.16　**点击“属性”按钮**

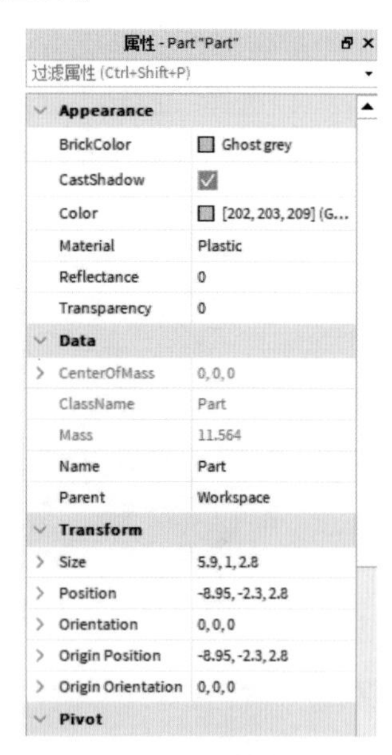

图2.17　**属性窗口**

在属性窗口中，单击“Transparency”（透明度），如图2.18所示。

输入如0.5等数字作为部件的透明度，也可以使用滚动条设置透明度值。此时部件成为半透明状态，如图2.19所示。

图2.18 **单击“Transparency”**

图2.19 **半透明状态部件**

10. 调整部件的颜色

接下来，我们通过鼠标左键选中一个部件，点击工具栏上的“颜色”按钮箭头，跳出颜色选项框，如图2.20，选择你喜欢的颜色。

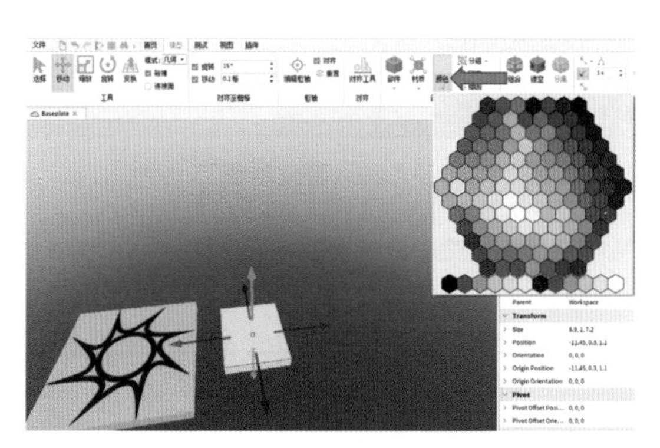

图2.20 **颜色选项框**

11. 完成障碍跑游戏

只有一次跳跃的障碍跑游戏可算不上有趣。运用你刚刚学到的

知识与工具，为自己的游戏再添加5 ~ 6个部件吧。通过点击“部件”按钮下的小箭头来尝试创建不同类型的部件，如图2.21。同时可以适当调整这些部件的尺寸或旋转角度，以免游戏过于单调。游戏界面如图2.22所示。

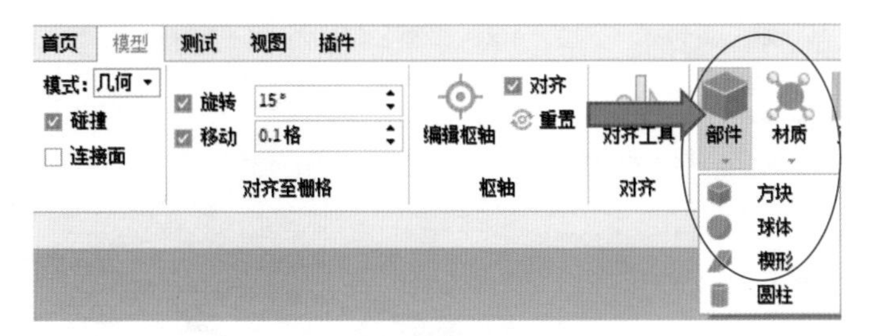

图2.21 **创建不同类型的部件**

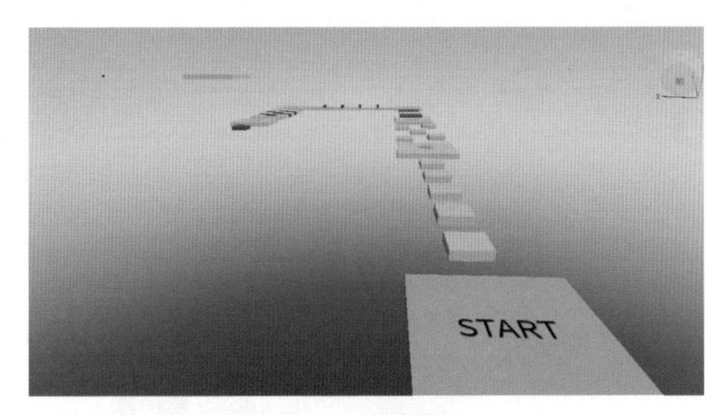

图2.22 **游戏界面**

提示

- 在你创建更多部件时，请记得从多个角度查看你的障碍跑游戏。如果只从一个方向查看，部件可能并未排列成行。
- 如果有任何部件落出区域，可能是因为没有锚固它们。
- 如果部件按“步”缩放或旋转，你可能需要调整或关闭“对齐”。
- 如果部件无法移动或旋转到另一个部件，请关闭“碰撞”。

12. 游戏测试

是时候测试一下你的障碍跑了，检查一切是否运行正常。点击“开始游戏”按钮，如图2.23，开始测试游戏吧。

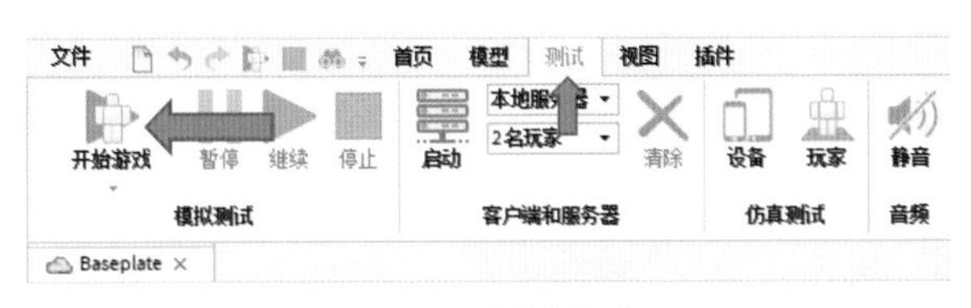

图2.23　**测试游戏**

第二节　火焰特效的使用

基本的障碍跑已经建立完成，这时候我们可以利用模型里面的一些特效来给我们的跑道增加一些视觉上的效果。

1. 添加火焰元素

现在，选中离出生点部件最近的一个部件，建议这里用块效果比较好，点击“模型”，找到右边像一团小火焰的图标，点击箭头找到名为Fire（火焰）的效果并添加，如图2.24所示。

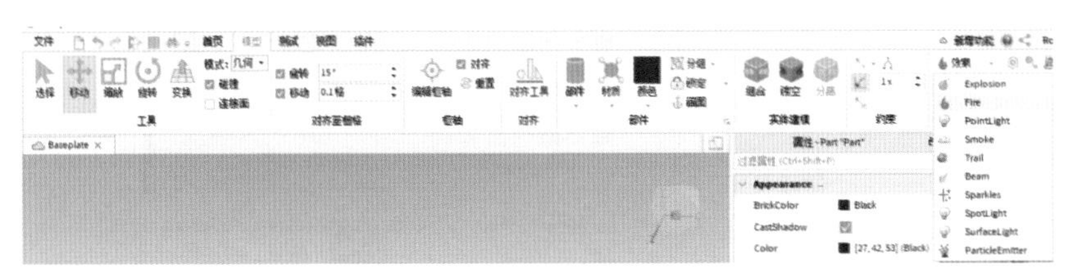

图2.24　**添加火焰效果**

此时发现，我们选中的部件上出现了一团小火焰，并且在Workspace区域里，火焰存在于Part部件的子集里，而属性窗口也显示出了目前添加成功的火焰的所有属性，如图2.25所示。

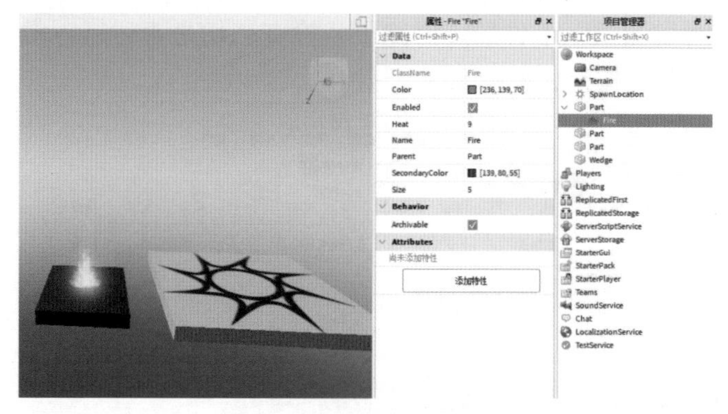

图2.25 **火焰效果及属性**

2. 为火焰设置颜色

并不是所有的火焰都是一样的颜色，这里我们可以设置自己喜欢的火焰颜色。

在火焰的属性里面，我们一定会发现两个带有颜色标识的栏目，它们分别是代表火焰本体颜色的“Color”与次级火焰颜色的“SecondaryColor”，如图2.26。

单击“Color”会跳出一个颜色选择界面，如图2.27，我们可以通过点击左边的基本色选择，也可以通过对右边颜色盘的“＋”字符号进行拖拽选出自己想要的颜色，这里以选择黄色为例。

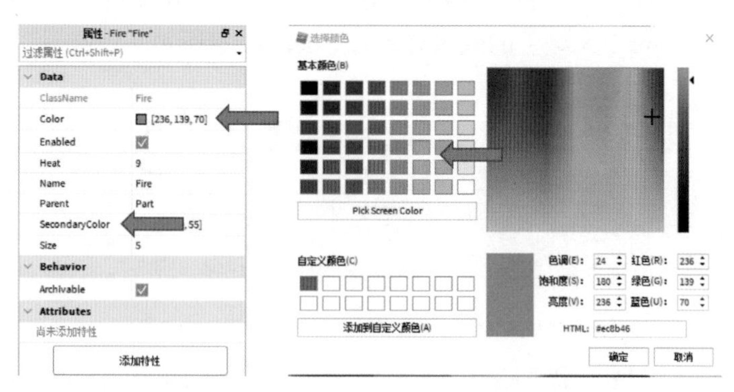

图2.26 **设置火焰颜色**　　图2.27 **颜色选择界面**

为SecondaryColor选择一个红色，这个时候我们会观察到，火焰的外焰部分变成了红色，如图2.28所示。

这时我们可以随意尝试改变颜色，观察火焰的视觉效果。

图2.28　**火焰外焰效果**

3. 调整火焰的尺寸

在火焰的属性栏，我们会发现属性Heat（热度）和Size（大小、尺寸），如图2.29，通过调整相应的数字大小观察火焰的变化。

Heat（热度）值的范围为0～25，默认是8。其实最直观的感受就是当我们把火焰的Heat数值调高后，火焰的高度也会随之增加。

Size（大小、尺寸）可以理解为火焰的体积，值范围为2～30，默认是5。

此时尝试调整火焰的Heat为10，Size为10，观察火焰的变化。

此时变成了熊熊大火，如图2.30所示。

图2.29　**调整火焰尺寸**

图2.30　**调整后的火焰效果**

特别提示

由于我们的火焰是通过模型栏目里面的快捷键生成的，无法调整火焰的位置与火焰的燃烧方向。此时火焰的位置与燃烧方向跟随它的父集，也就是 Part 的方向而定，如图 2.31。

图2.31　**火焰方向跟随父集**

此时的火焰也不具备伤害效果，因为我们并没有为火焰编写具有功能的代码。

第三节　烟雾特效的使用

上一节你已经添加了火焰特效，如果只有火焰效果会让你的障碍跑略显单调，此时可以通过添加其他效果来丰富你的赛道或者丰富你的火焰效果。

▶扫码看视频讲解◀

1. 添加Smoke（烟雾）特效

现在，选中已经有火焰效果的部件，点击“模型”，找到右边像一团小火焰的图标，点击箭头找到名为Smoke（烟雾）的效果并添加，如图2.32。

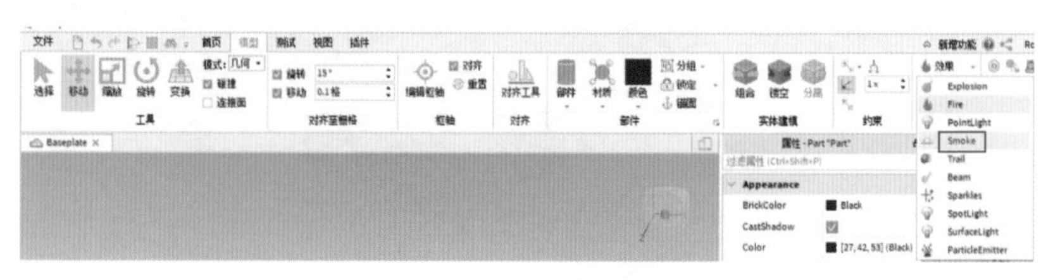

图2.32　**添加烟雾特效**

此时发现，你选中的部件上出现了一团白色的烟雾效果，并且在Workspace区域里，烟雾存在于Part部件的子集里，与Fire（火焰）效果是同一级，而属性窗口也显示出了目前添加成功的烟雾的所有属性，如图2.33。

图2.33　**烟雾特效及其属性**

2. 为烟雾设置想要的属性效果

Opacity是烟雾粒子效果的透明度设置，值必须介于[0，1]之间。RiseVelocity的功能类似ParticleEmitter.Speed和Fire.Heat，它决定了烟雾粒子在其持续时间内移动得有多快。该值必须介于[－25，25]之间。负值将使粒子从其父项BasePart的底部（－Y）方向发射。

接下来我们给火焰加上燃烧冒黑烟的效果，这样看上去更真实。

在烟雾的属性里面，你一定会发现一个颜色标识的栏目，它是代表烟雾整体颜色的Color属性，如图2.34。

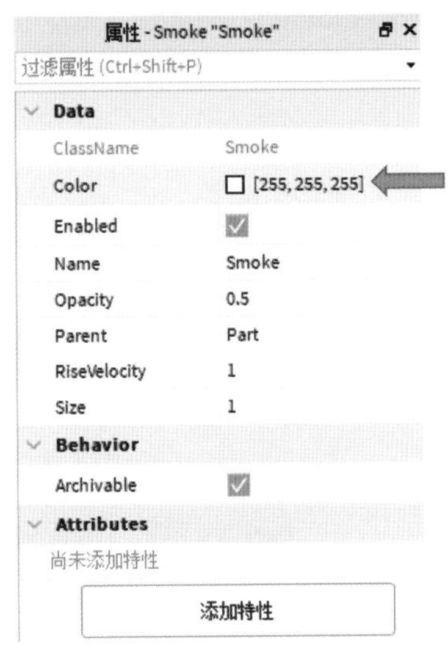

图2.34　**烟雾颜色属性**

单击Color会跳出一个颜色选择界面，如图2.35，你可以通过点击左边的基本色选择，也可以通过对右边颜色盘的“+”字符号进行拖拽选出自己想要的颜色，这里以选择黑色为例。

此时烟雾黑色过于夸张（图2.36），不符合平时看见的火焰燃烧的那种烟雾效果，所以需要调整。

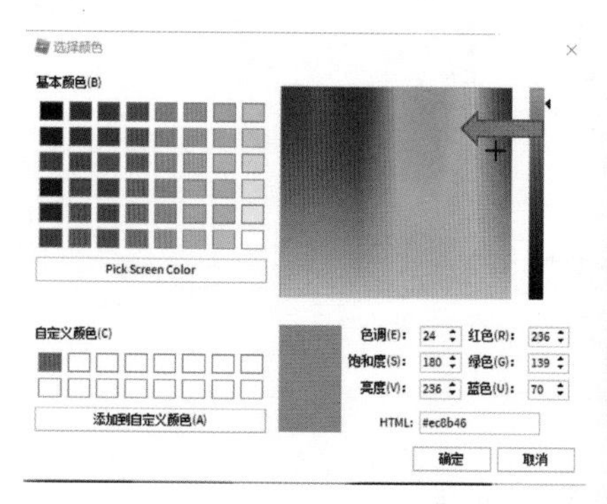

图2.35　**颜色选择界面**

图2.36　**烟雾添加效果**

调整烟雾属性里的Opacity（粒子透明度）为0.3，调整RiseVelocity（烟雾粒子移动速度）为10，此时展示出来的效果像燃烧的轮胎一样，飘出了阵阵黑色烟雾，如图2.37所示。

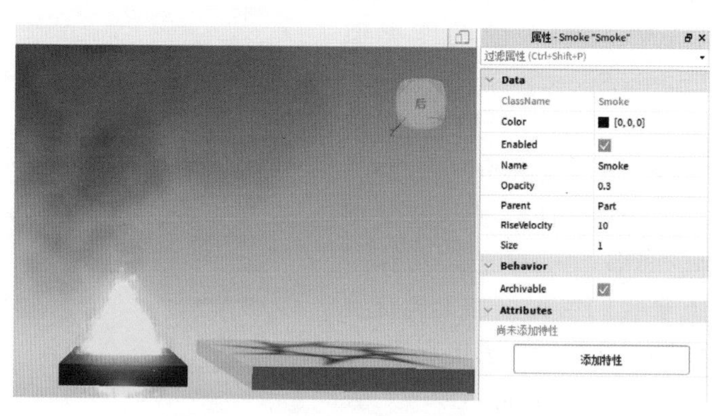

图2.37　**烟雾的黑雾效果及其属性**

这时我们可以随意尝试对烟雾的属性进行变换，观察烟雾的视觉效果。

3. 调整烟雾的尺寸

在烟雾的属性栏有一个关键词Size（大小、尺寸），如图2.38，通过调整相应的数值大小观察烟雾的变化。

Smoke（烟雾）的Size（尺寸）属性决定了新发射的烟雾粒子的尺寸。不像Smoke.Color，此属性不会变更已有的粒子的尺寸。其值必须介于0.1与100之间。不像ParticleEmitter.Size，此属性仅为数字（而不是NumberSequence）。另外请注意粒子的尺寸与格的比例并非一比一，事实上烟雾粒子的尺寸是格的2倍有余。在最大尺寸时，烟雾粒子可以渲染得比200格还大！

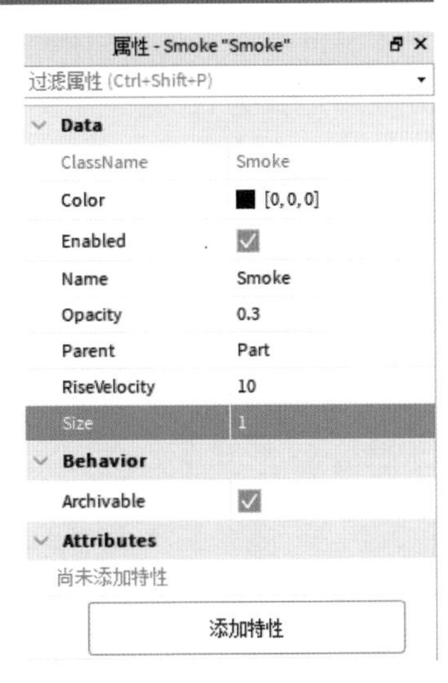

图2.38 烟雾的Size属性

第四节 铰链的使用1（跷跷板）

通过前面几节内容，你已经制作了一个有基本功能的障碍跑游戏。如果只有这些基本的块，你会觉得它过于单调。这里有一个特别有意思、不需要编程就能实现的装置，可用来制作一些道具丰富的赛道。接下来通过Roblox Studio自带的铰链功能制作一个跷跷板。

▶扫码看视频讲解◀

1. 铰链跷跷板的基本构成

一个跷跷板拥有的最基本的三个部分是支点、连杆（铰链）、平板。这里为了便于制作，你可以打开一个全新的Roblox Studio的Baseplate模板窗口进行建造。

2. 支点制作

通过模型工具栏制作一个长、宽、高为1、1、1的方块。要确保方块的边长为1，这里只需要点击Part，然后找到属性里面名为Size（尺寸、大小）的一栏，通过数值设置它的长X、宽Y、高Z分别为数字1即可，如图2.39、图2.40所示。

由于支点需要固定在某个位置，所以需要把支点锚固起来，如图2.41所示。

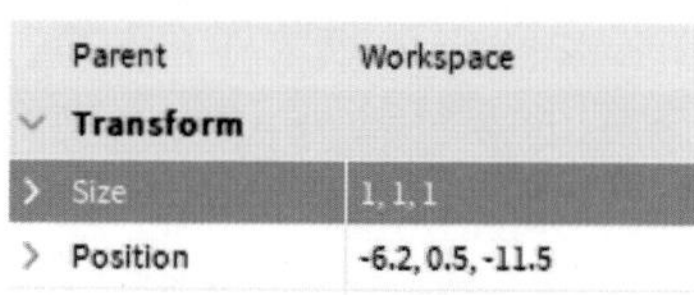

图2.39 **设置方块尺寸**

图2.40 **长、宽、高均为1的方块**

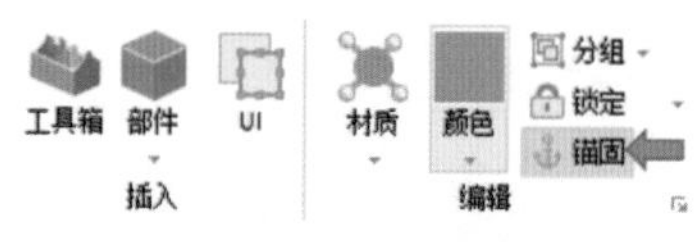

图2.41 **锚固支点**

3. 制作平板

在支点的旁边制作平板，如图2.42。

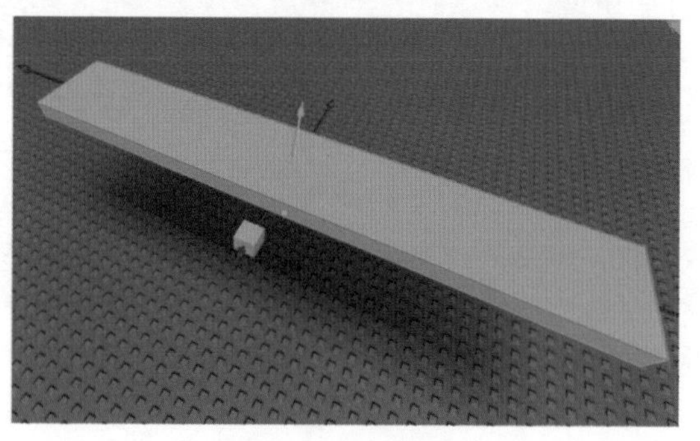

图2.42 **制作平板**

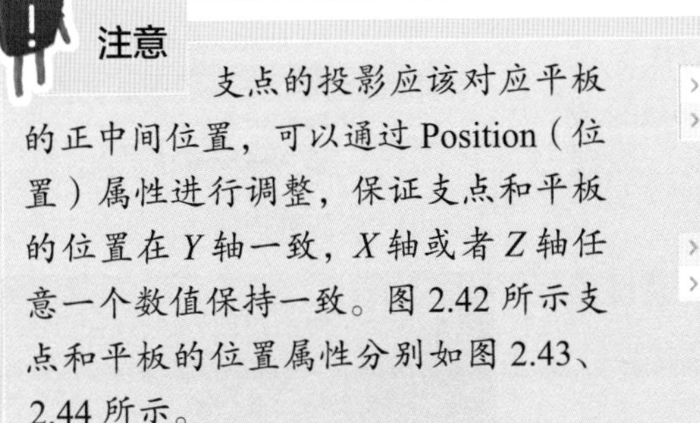

注意

支点的投影应该对应平板的正中间位置，可以通过 Position（位置）属性进行调整，保证支点和平板的位置在 *Y* 轴一致，*X* 轴或者 *Z* 轴任意一个数值保持一致。图 2.42 所示支点和平板的位置属性分别如图 2.43、2.44 所示。

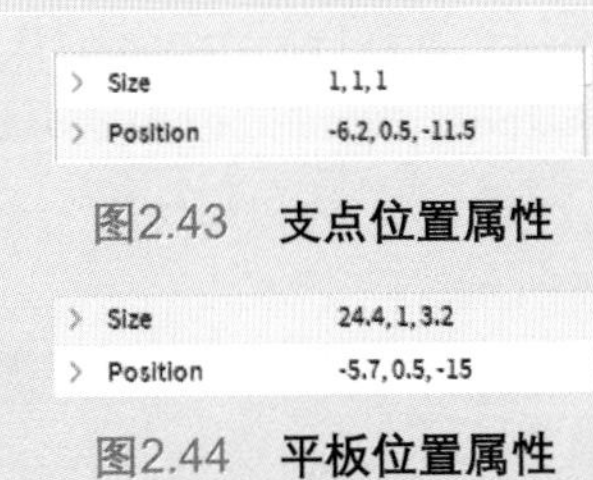

图2.43　**支点位置属性**

图2.44　**平板位置属性**

平台会进行运动，所以不可锚固。

4. 制作铰链

点击“模型”，在“约束”一栏点击第一个图标的箭头，选择铰链，如图2.45。

图2.45　**选择铰链**

点击铰链之后会进入创建模式，在需要创建附件的位置点击鼠标左键，再通过视角调整，在创建附件2的位置再次点击鼠标左键即可，如图2.46、图2.47所示。

图2.46　**创建铰链**

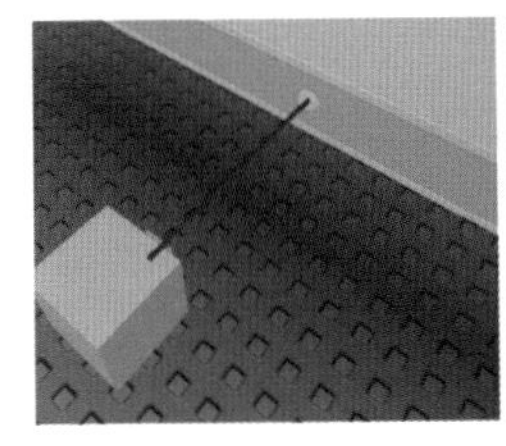

（a）

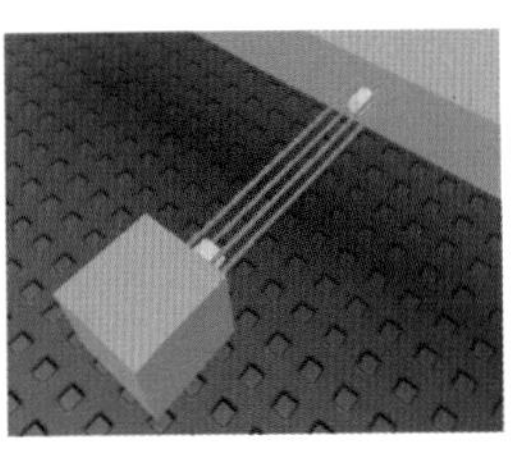

（b）

图2.47　**创建其余铰链**

此时资源管理器会显示两个附件（Attachment0）与（Attachment1）以及相应的铰链（HingeConstraint），如图2.48所示。

图2.48　资源管理器中的附件与铰链

点击“移动”，然后通过鼠标拖拽把支点和平台靠在一起，如图2.49所示。

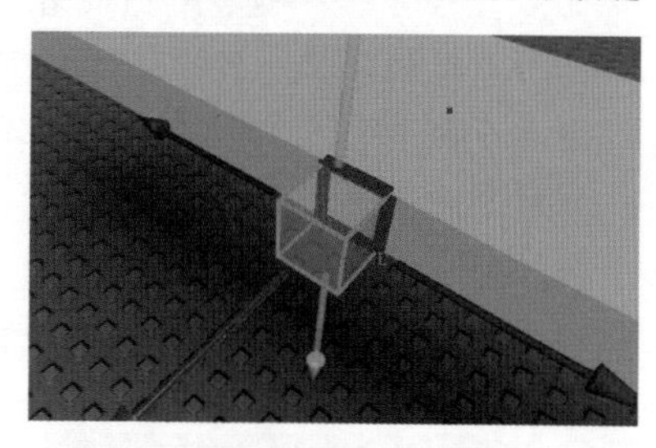

图2.49　把支点与平台靠在一起

此时，跷跷板已基本完成，但是平台的材质默认是塑料，密度为0.7。由于自身重量与角色的重量比例问题，导致跷跷板旋转速度过快，可以通过修改密度属性解决。密度属性在部件属性的CustomPhysicalProperties后勾选，可自行调整密度Density属性，如图2.50所示。

Part	
CustomPhysical...	☑
Density	0.7
Elasticity	0.5
ElasticityWei...	1
Friction	0.3
FrictionWeight	1
RootPriority	0
Shape	Block

图2.50　设置密度属性

这样就完成了一个简单的跷跷板，但是现在的跷跷板还不能很好地演示其功能，因为此时跷跷板离地板太近。

5. 整体移动多个部件

① 同时在Workspace里选中两个Part。先通过鼠标左键点击第一个Part，然后再用左手按住键盘左下角的Ctrl键不松开，用鼠标左键点击另外一个Part，此时两个部件都被选中，如图2.51，Ctrl键也可以松开了。

② 找到工具栏上的移动按钮，点击后，通过鼠标拖拽朝上的方向线，把整体升高，如图2.52。

图2.51 **选中两个Part**

图2.52 **整体升高**

此时再次测试一下跷跷板，如果发现两边不平衡，可以通过工具栏上的缩放，对平板的两端长短进行调节。

使用以上跷跷板的制作方法在你的障碍跑赛道里制作它吧。

第五节 铰链的使用2（旋转平台）

铰链除了能够制作跷跷板，还可以制作旋转平台。同样这也不需要编程即可以实现，因为铰链里面可以找到相应的属性设置，可以制作出类似于电机转动的效果。

1. 旋转平台的构成

旋转平台是由支点、铰链、平台三个部分组成，可以按照上节的方法进行制作，唯一不同的是支点在平台的正下方，所以两个部件的位置属性Position为*X*、*Z*轴相同，*Y*轴有一些差别。支点的位置属性如图2.53，平台的位置属性如图2.54。

Transform	
Size	1, 1, 1
Position	13, 5, 6

图2.53 **支点位置属性**

Size	30, 1, 5
Position	13, 9, 6

图2.54 **平台位置属性**

当然我们也可以不用按照示例上的数字设置。

整体的位置如图2.55所示。

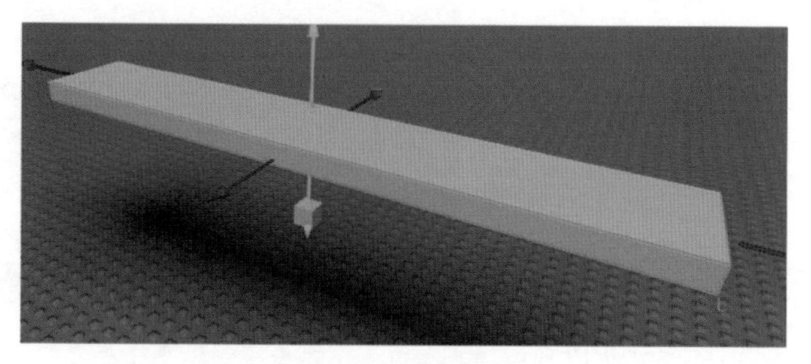

图2.55 **整体位置**

2. 创建铰链

同样要求铰链的两个附件位置在支点正上方和平台正下方中间的位置，如图2.56～图2.58所示。

图2.56 **附件位置（一）**

图2.57 **附件位置（二）**

图2.58 **附件位置（三）**

如果铰链偏差位置太大，如图2.59，这时我们只需要使用工具栏上的移动按钮，即可在可视界面进行调整。

图2.59 **铰链偏差位置太大**

在项目管理器里面选中需要调整位置的附件“Attachment1”，如图2.60，点击工具栏的移动按钮进行拖拽即可，如图2.61，此时移动的是名为Attachment1的附件。操作过程中附件名以我们实际选中的附件名为准。

图2.60 **选中附件**

图2.61 **拖拽附件**

3. 附件精准对齐的两种方法

这一部分由于手动操作很难精确地对准附件的位置，故以下介绍两种方式方便精准对齐。

方法1：先制作两个支点，如图2.62所示。

两个支点安装位置的*X*轴和*Z*轴坐标相同，如图2.63，然后进行铰链的安装。

图2.62 **制作两个支点**

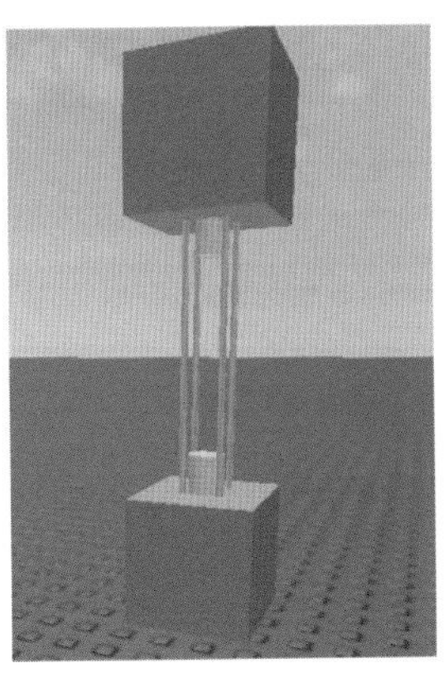

图2.63 **设置支点位置**

接下来修改上面一个支点的Size属性，变成平台的大小，如图2.64。

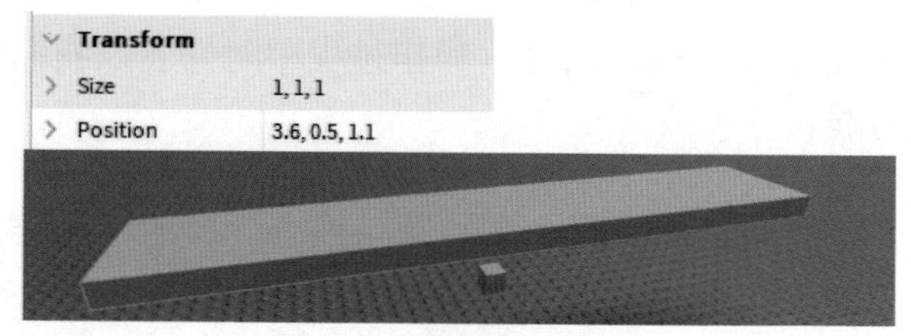

图2.64　**修改支点大小**

这样可以让我们较方便地对齐铰链的位置。

方法2：制作好支点和平板，确保它们已经在同一*X*轴和*Z*轴上，如图2.65所示。

图2.65　**制作支点和平板**

在支点部件后面点击加号，添加附件Attachment，如图2.66。

打开Attachment的属性窗口，修改Attachment的Position属性为“0，0.5，0”（把附件位置设置在部件的表面正上方，这个Position属性指相对于部件的位置），修改Axis（轴心）为“0，1，0”（向量），如图2.67所示。

在平台部件后面点击加号添加附件Attachment，如图2.68。

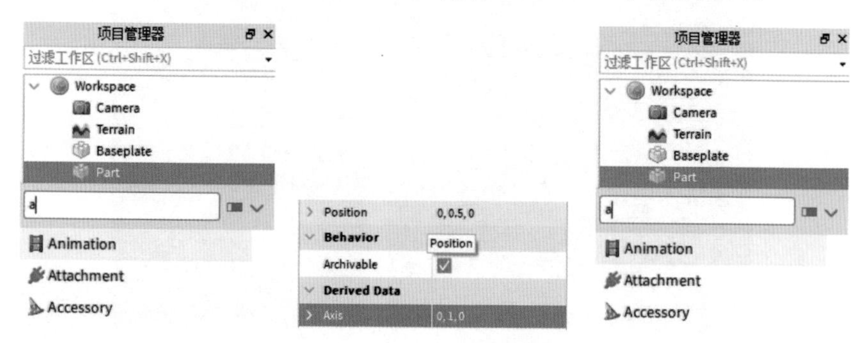

图2.66　**添加支点的附件**　图2.67　**修改支点附件属性**　图2.68　**添加平台的附件**

打开Attachment的属性窗口，修改Attachment的Position属性为“0，－0.5，0”（把附件位置设置在部件的表面正下方，这个Position属性指相对于部件的位置），修改axis为“0，1，0”（向量），如图2.69。

图2.69　修改平台附件属性

在支点部件后点击加号添加HingeConstraint（铰链），输入字母h会自动跳转出相应的信息供选中，如图2.70所示。

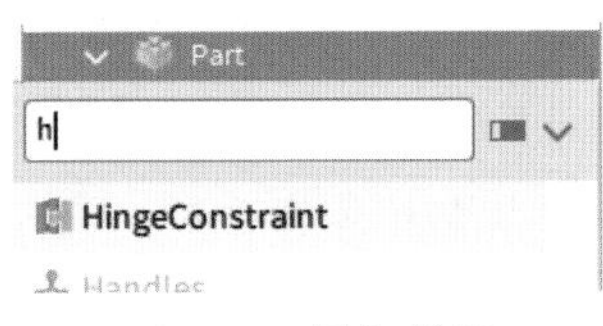

图2.70　添加铰链

打开HingeConstraint的属性窗口，修改Attachments属性，分别连到之前建立的两个附件上。

点击Attachment0，然后鼠标移动到第一个Part下的Attachment点击；点击Attachment1的空白处，鼠标移动到第二个Part下的Attachment点击，如图2.71所示。

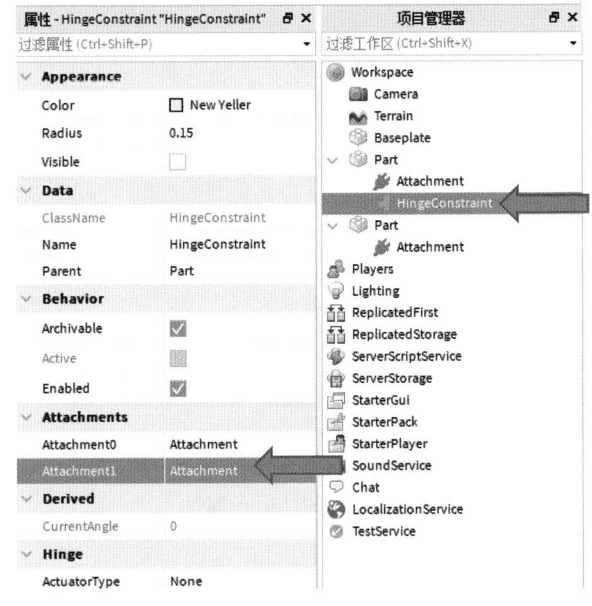

图2.71　将铰链连接到附件

提示

此处并未对项目管理器的 Part 进行更名，也未对 Part 下的 Attachment（附件）进行更名。在执行此操作之前可以自行给 Part 与 Attachment 进行更名，便于识别。

这时我们得到了创建好的铰链。

点击铰链属性，修改Hinge属性下ActuatorType为Motor，如图2.72所示。

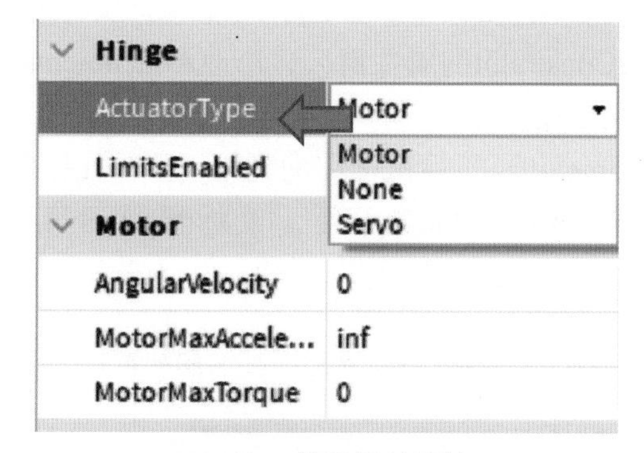

图2.72　**修改铰链属性**

再修改Motor中的AngularVelocity（角速度）为5，MotorMaxTorque（电机最大转矩）为800，如图2.73所示。

Motor	
AngularVelocity	5
MotorMaxAccele...	inf
MotorMaxTorque	800

图2.73　**修改Motor属性**

运行游戏，即可获得旋转平台。也可以根据自己制作的平台大小和重量对最大转矩进行一些调整。

提示

支点一定要锚固，平台不能锚固。

第六节 铰链的使用3（可开关门）

在前面我们已经为自己的障碍跑赛道制作出了多样的道具，本节将带领大家用铰链的约束功能做一个可以推开的门。同样本节也不需要进行编程，因为Roblox Studio是基于物理规律开发的编辑器。在下一章节中，你制作的房子会用到这个技术。

1. 开关门的结构

可以实现开关的门，就是可以通过玩家触碰而实现门的开合与关闭的效果。它一共分为三个部分：门柱、门板、铰链，如图2.74所示。

图2.74 开关门

2. 制作门柱

① 点击模型工具栏→“部件”上的箭头，选择圆柱。

② 点击旋转，让圆柱呈站立状态。

③ 点击缩放，或者修改圆柱的Size（参考Size：13，4，3）注意逗号要在英文状态下输入。

④ 点击圆柱的属性，找到Transparency，调整到0.6，便于后面对铰链操作的可视化。

⑤ 点击圆柱，点击“模型”→“锚固”，因为门柱不需要移动，所以需要锚固起来。

结果如图2.75。

图2.75 门柱

3. 制作门板

① 点击“模型”工具栏→“部件”上的箭头，选择“方块”。

② 设置门板的Size，门板的高度略低于门柱，而且宽度也不要太厚，位置位于门柱的中间。

③ 设置门板的Transparency（透明度）为0.3，便于后面对铰链操作的可视化。

④ 门板与地面最好不要接触，因为这样会增加门与地板的摩擦力，导致玩家推不动门。

完成后如图2.76所示。

图2.76 门板与门柱

4. 制作铰链约束效果

① 分别在圆柱的中间位置与门的中间位置生成两个附件与一个铰链，如图2.77所示。

两边的位置不一定要非常精准。

② 找到Workspace里面的圆柱，点击附件（Attachment），选择“移动”，把附件移动到圆柱中心的位置，如图2.78所示。只平移，不上下移动。同样位置不需要很精确。

图2.77　**添加附件与铰链**

图2.78　**移动附件**

③ 点击“模型”上的“约束详情”，如图2.79。

图2.79　**点击“约束详情”**

④ 点击附件，选择“旋转”，把附件里的黄色箭头旋转朝上，也就是轴心的方向，橙色的轴指向门的方向，如图2.80。门上的附件也按照这个方法进行旋转。

⑤ 点击门上的附件，选择“移动”，与圆柱上的附件进行重合。这里也不需要100%重合，肉眼观察重合即可，如图2.81所示。

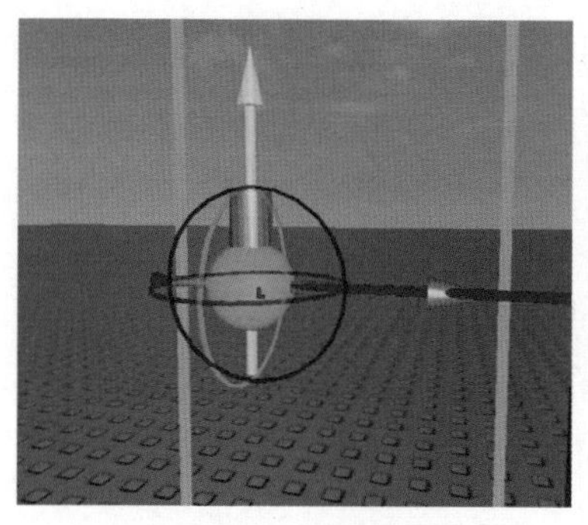

图2.80 **旋转附件**

图2.81 **将附件重合**

5. 测试

这样我们的开关门就完成了，点击“测试”→“开始游戏”，用我们的小人去推门，看看它能够旋转移动吗？

如果发现门无法移动，可能是上面的步骤有误，请逐步检查。也可能是门板与地板接触或者凹陷进去，导致摩擦力过大。注意门与地板没有接触，如图2.82所示。

图2.82 **门与地板没有接触**

> **提示**
>
> 笔记本电脑与台式电脑因为分辨率（屏幕显示的大小）不一样，工具栏显示的效果也不一样。

图2.83为台式电脑工具栏显示情况，比较完整。

图2.83 **台式电脑工具栏**

图2.84为笔记本电脑工具栏显示效果，图标没有变换，只不过有些文字被省略了，只保留了图标，新手开发者容易找不到位置。例如铰链，就没有创建两个字，而只有一个图标。

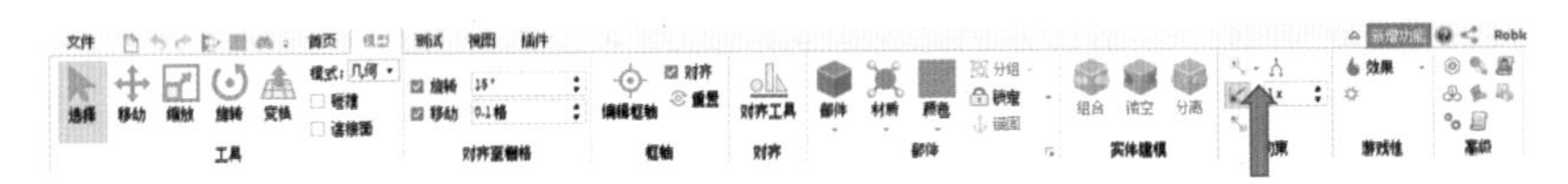

图2.84 **笔记本电脑工具栏**

第三章

实例创建（林中小屋）

第一节 地形编辑器的基本功能

地形编辑器是一个功能非常强大的工具，开发者可以通过地形编辑器创建真实的景观，如山川、河流、峡谷、熔岩等。本节内容以基本功能按钮介绍为主，方便后面章节使用时查阅。本节编辑器的基本功能引用了开发者技术文档的部分配图。

1. 打开地形工具

地形工具可以从“首页”→“编辑器”选项或“视图”→“地形编辑器”选项中打开，如图3.1、图3.2所示。

图3.1 **打开地形工具（一）**

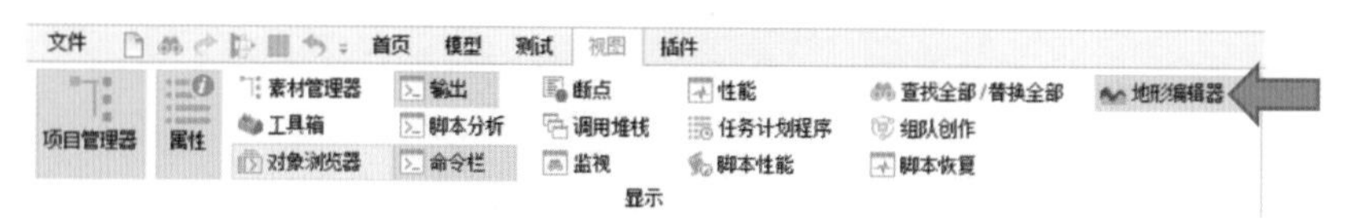

图3.2 **打开地形工具（二）**

编辑器窗口分为创建、区域和编辑三个部分，如图3.3所示。

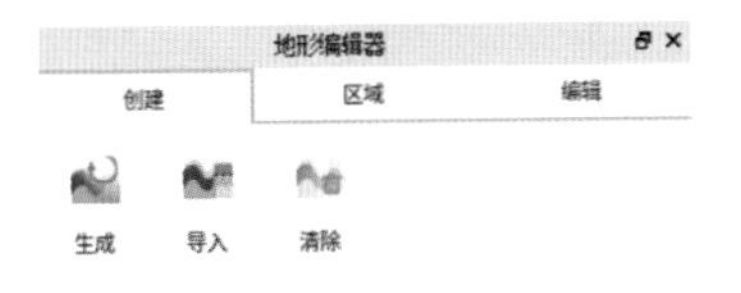

图3.3 **编辑器窗口**

2. 创建选项

创建内包含生成、导入、清除三种工具，如图3.4所示。

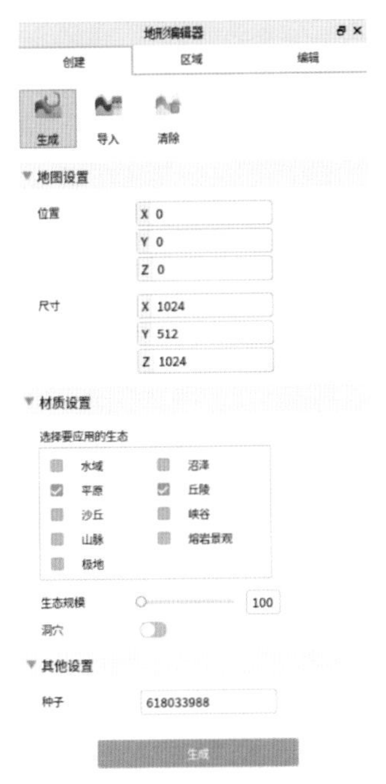

图3.4 **创建选项**

（1）生成

生成工具可用于创建随机地形。你可使用此工具快速生成一个新地形，然后根据你的个人设想对地形特性进行更改。地形特性说明如表3.1所示。

表3.1　**地形特性说明**

特性	描述
位置/尺寸	决定生成的地形图的世界位置和整体尺寸
生态类型	决定将生成哪些类型的生态类型，例如水、丘陵和山脉
生态规模	设置生态圈的大小，确保小于整体地形图的尺寸
洞穴	设置地形图是否会生成洞穴
种子	该地形图的随机“种子”数字。改变种子可使你在保持生态圈参数的同时改变地形

（2）导入

导入工具允许导入高度地图和颜色地图，如图3.5。此功能新手开发使用不多，将通过视频的形式展示。

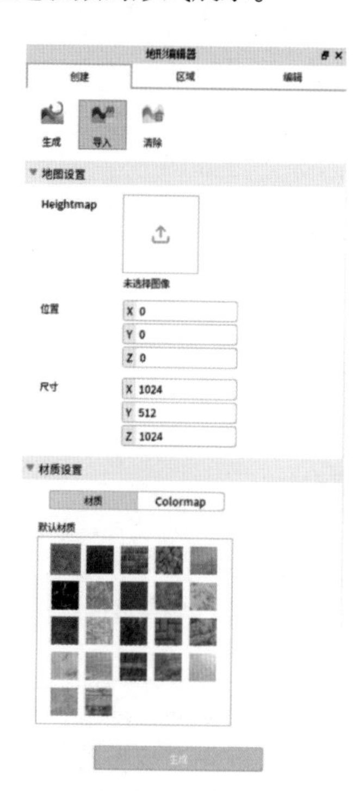

图3.5　**导入工具**

（3）清除

清除工具可用来清除场景里的所有地形，让整个编辑界面的地图清空，但是不会清除上面的Part与Model等物件。

3. 区域选项

区域选项（图3.6）中的工具允许我们处理大面积的区域，从而加快地形创建的速度。

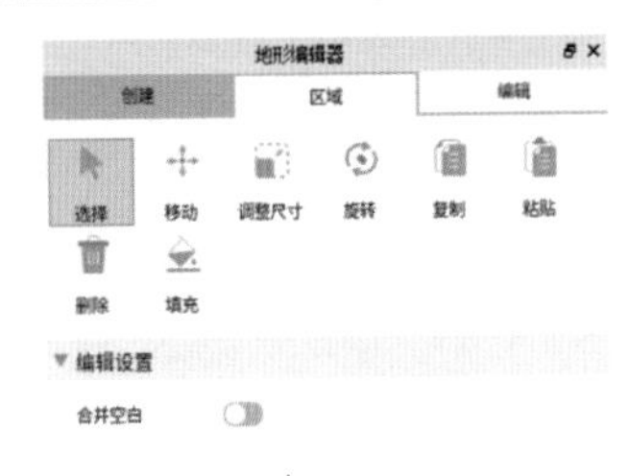

图3.6　**区域选项**

（1）操控区域

选择并操控一个区域的方法如下：

① 点击“选择”工具。

② 单击并拖动以创建区域边界框。

③ 使用“移动”“调整尺寸”和“旋转”工具操控区域，这些操作与对部件的操控类似。

（2）复制区域

你还可以复制和粘贴整个选定区域，只需依次单击“复制”和“粘贴”即可。

（3）填充和删除

你甚至可以使用材质填充（图3.7）或删除整个区域，如图3.8与图3.9所示。

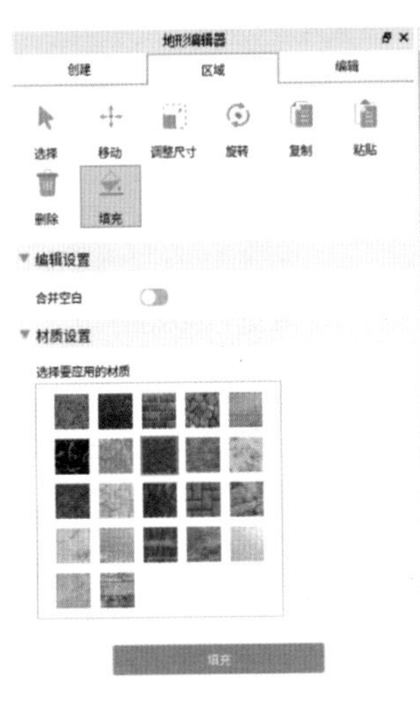

图3.7　**填充功能**

在选择区域时，还将选择该区域内的所有“空气”。编辑区域（执行移动、缩放等操作）时，“合并空白”选项将影响结果。

如果已启用“合并空白”，Roblox Studio会将选定区域与其周围区域组合在一起。如果你希望确保区域与其周围环境自然融合（如图3.10冰与石头之间的区域所示），则此工具将很有用。

如果已禁用“合并空白”，则Roblox Studio不会将该区域与当前环境合并。如果你想使区域与建造时完全相同（如图3.11冰块移动时剩余“空气”区域所示），则此工具将很有用。

图3.8 **填充区域**

图3.9 **删除区域**

图3.10 **启用“合并空白”**

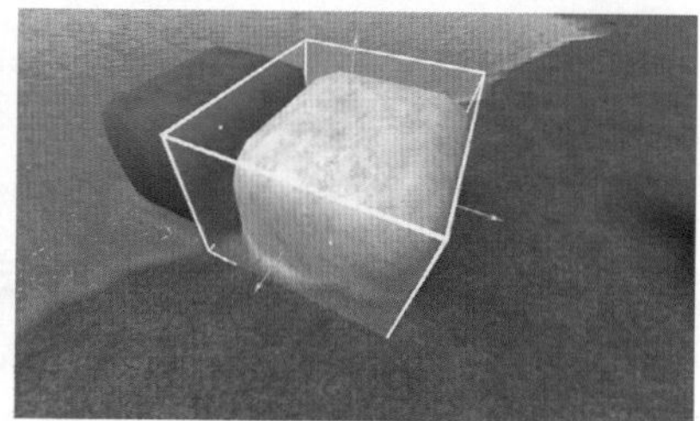

图3.11 **禁用“合并空白”**

4. 编辑选项

编辑选项功能如图3.12所示。

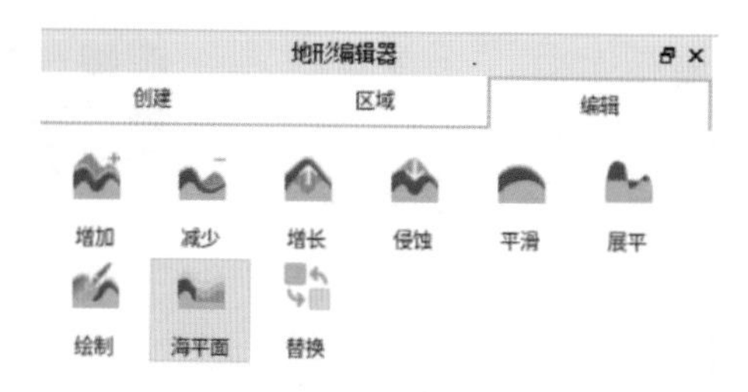

图3.12 **编辑选项**

（1）增加/减少

在开始微调细节之前，可使用“增加”和“减少”工具构建大多数环境。这两个工具特性如表3.2所示。

表3.2 增加/减少工具特性说明

特性	描述
Brush Shape（笔刷形状）	笔刷的形状，可以为球体、立方体或圆柱体
Base Size / Height（笔刷尺寸 / 高度）	笔刷的尺寸，范围为从1到64。要设置不同于基本尺寸的高度，请单击小“锁”图标，然后输入新值 最大尺寸的笔刷　最小尺寸的笔刷
Pivot Position（锚点位置）	笔刷相对于现有地形（底部、中心或顶部）的垂直锚点
Snap to Grid（对齐至栅格）	笔刷是否与地形栅格保持对齐
Ignore Water（忽略水）	添加或减去非水地形时是否忽略水。例如，你可以启用此功能以避免在使用Subtract（减少）工具时移除水
Auto Material（自动材质）	在使用Add（增加）工具时，将新地形与周围地形混合
Material（材质）	使用Add（增加）工具时设置新地形具有的外观，例如冰、沙、水或草地。注意，你可以自定义这些地形材质的颜色

（2）使用地形栅格

使用“增加”或“减少”工具时，你将看到鼠标处出现一个栅格。所有地形都在此栅格上创建。单击并拖动鼠标编辑地形时，地形受栅格角度的影响。倾斜和旋转镜头会改变栅格角度，如图3.13、图3.14所示。

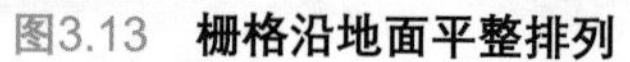

图3.13　**栅格沿地面平整排列**

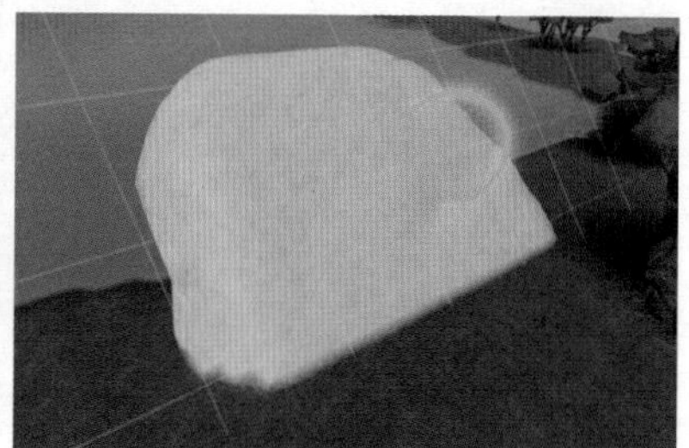

图3.14　**栅格与地面成45°角对齐**

（3）增长

增长工具将缓慢填充地形区域，这对增加丘陵或缩小间隙非常有用。

（4）侵蚀

侵蚀工具会缓慢移除地形。这对创建洞穴、峡谷、河流和湖泊非常有用。

（5）平滑

平滑工具可平滑选定区域中的地形。此工具可使锯齿状地形更加自然，还可以消除尖锐拐角。

（6）展平

展平工具可用于创建完全展平的地形，非常适合用于可能需要在其中放置建筑物或道路的区域。除上面概述的各种属性外，该工具还包含两个重要的选项，展平模式与固定平面，其特性说明如表3.3所示。

表3.3 **展平模式与固定平面特性说明**

特性	描述
展平模式	**侵蚀以展平**——对于要展平的给定平面，只移除**高于**该平面的地形 **增长以展平**——对于要展平的给定平面，仅填充**低于**该平面的地形 **全部展平**——对于要展平的给定平面，将生成完全展平的表面（移除高出该平面的地形，并填充低于该平面的地形）
固定平面	启用此选项后，将展平的平面锁定到*Y*轴特定位置，该位置由**平面位置**定义。可手动输入平面的位置，也可以使用值输入字段旁边的“吸管”工具来选择平面的位置

（7）绘制

绘制工具可更改地形的当前材质，例如草地、岩石或水。这对于在草地上添加泥土和石滩之类的材质很有用。

（8）海平面

开发者可以通过海平面工具在任何区域创建一致的水平面。要使用此工具，请输入*X*/*Y*/*Z*格式的位置和尺寸，然后单击“创建”向区域注水，或单击“蒸发”移除水。

提示

除了为海平面区域设置严格的*X*/*Y*/*Z*尺寸，你也可以拖拽区域框周围的“球体”把手来调整尺寸。

（9）替换

替换工具可以将一种地形材质换成另一种，可以用区域框或地形笔刷来操作，其各项描述如表3.4所示。

表3.4 **替换工具说明**

项目	描述
方法	选择“**框选**”来替换指定区域内的所有地形（位置和尺寸）或选择“**笔刷**”来用笔刷替换地形
源材质	指已经产生的地形所使用的材质
目标材质	要把源材质换成现在所选择的材质，如源材质是石头，可以替换为现在的冰

5. 自定义地形材质

地形可以通过调整材质颜色或启用装饰来进一步修改，可以让原本已经默认的地形材质颜色根据你的喜好而改变。材质设置窗口如图3.15所示。

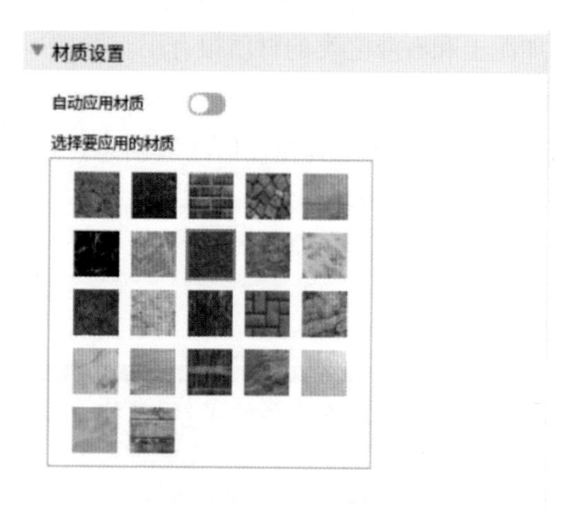

图3.15 **材质设置窗口**

每种地形材质（例如岩石、冰或草地）都具有默认颜色，但是你可以根据需要自定义这些颜色。例如，如果要构建北极世界或火山荒地，就可以调整地形颜色以适合相应主题。

在Properties（属性）窗口中，展开Appearance（外观）→MaterialColors分支，如图3.16所示。

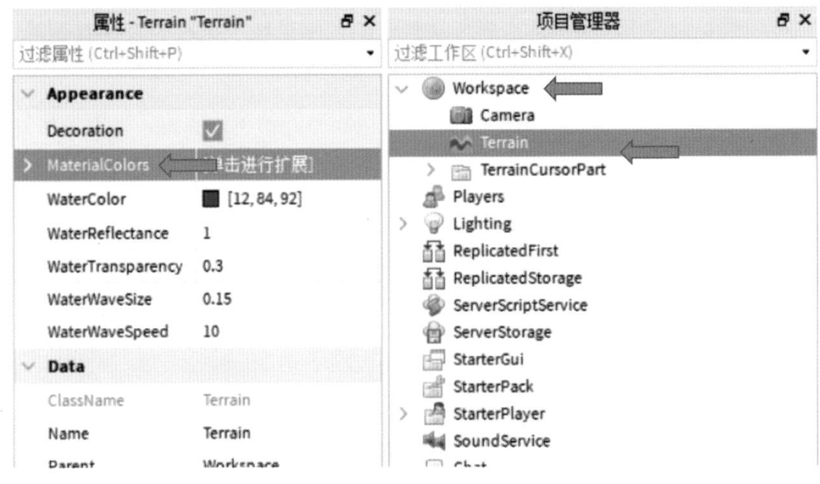

图3.16 **设置材质颜色**

输入或选择任何材质的新RGB值，地形将动态更新。颜色更新对比如图3.17所示。

（a）默认颜色

（b）自定义颜色

图3.17 **颜色更新对比**

可通过Appearance（外观）部分中的各属性控制水颜色和其他水效果。属性说明如表3.5所示。

表3.5　水的属性说明

属性	描述
WaterColor	将水颜色从默认的“水蓝色”更改为任何其他颜色。可用于创建如熔岩、软泥、石油等的液体
WaterReflectance	调整水面反射天空和周围物体的程度，范围值从1（高反射）到0（无反射）
WaterTransparency	将水明晰度/透明度从1（完全透明）更改为0（完全不透明，类似颜料）
WaterWaveSize	控制水浪的尺寸，范围值从1（较大波浪）到0（无波浪）
WaterWaveSpeed	控制水面上的移动/流动效果的速度，范围值从100（极快）到0（静水）

提示

请注意，某些水属性可能仅在进行游戏时才显现。要在编辑时预览所有属性，请在Roblox Studio设置中将Rendering（渲染）→Edit Quality Level（编辑质量等级）设置为最高等级。

可以通过开启Decoration（装饰）用动画草叶装饰所有Grass（草地）材质的地形。装饰属性如图3.18所示。装饰效果对比如图3.19、图3.20所示。

图3.18　装饰属性

图3.19 **装饰关闭**　　图3.20 **装饰开启**

本节地形编辑器的基本功能就介绍到这里。对于初学开发者来说，这一节的内容可以作为后面知识技能的参考文档使用，后面我们将用一些实例来验证地形编辑器的应用。

第二节 雪中小屋

本节通过地形编辑器制作一个雪山场景，在场景中通过最基本的Part建造小屋。

▶扫码看视频讲解◀

1. 地形编辑器建造场景

① 打开Roblox Studio编辑器，选择模板里名为Baseplate的模板并点击打开。

② 打开项目管理器，在Workspace里找到名为SpawnLocation（复活点）与Baseplate（底板）的两个部件进行删除，删除后整个编辑窗口为空白。

③ 点击“编辑器”→“生成”，设置如图3.21、图3.22所示。

建造效果如图3.23所示。

▾ 地图设置
位置 X 0 Y 0 Z 0
尺寸 X 1024 Y 512 Z 1024

图3.21 **地图设置默认不变**

由于生成的图是随机的，所以每台电脑生成的地图不一样，但这不妨碍我们后期的创作。

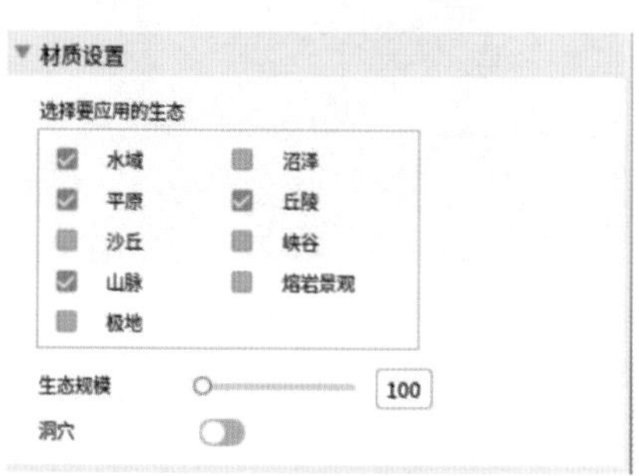

图3.22　**材质选择水域、平原、山脉，生态100**

图3.23　**建造效果**

2. 建造雪山

在图3.23中我们肯定已经看见了，图中是有一部分雪山的，但是有的地图生成后是没有雪山的，不论有没有雪山，都可以按照以下方法制作。

① 选择“增长”，笔刷选择正方形，材质选择岩石，如图3.24、图3.25所示。

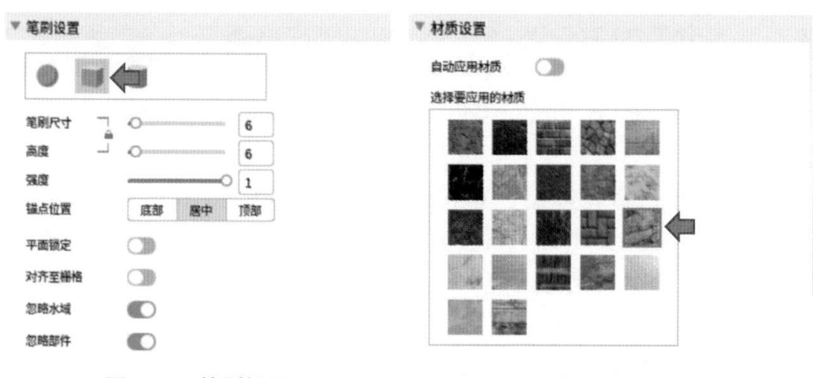

图3.24　**笔刷设置**

图3.25　**材质设置**

② 在选中区域反复涂抹，让山峰变高，如图3.26、图3.27所示。

图3.26　**原山峰图**

图3.27　**改变后山峰图**

③ 点击“编辑”→“绘制”，然后材质选择雪，给我们的山上加上雪，如图3.28、图3.29。完成后的雪山如图3.30所示。

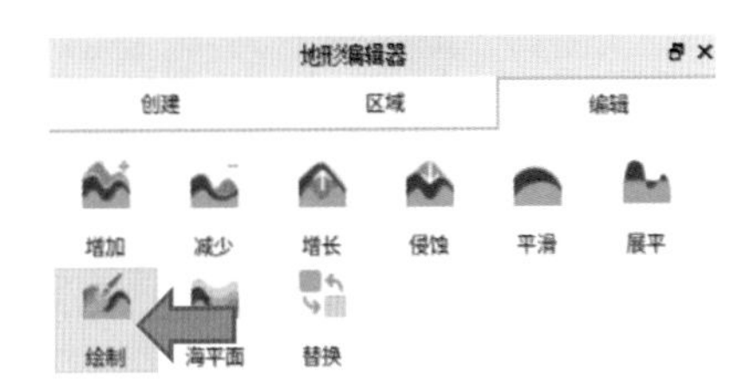

图3.28　**选择绘制**

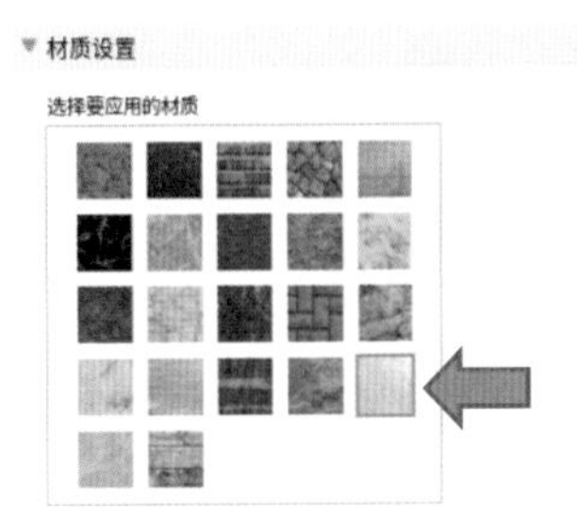

图3.29　**材质选择雪**

图3.30　**完成后的雪山**

3. 制作小木屋

小屋由三个大件（地板、墙壁、屋顶）与两个小件（门、窗）构成，两个小件的制作我们将在下一节进行展示。

（1）制作地板

① 在地图的空旷并且比较平整的区域，选择生成一个方块。

② 工具栏点击“缩放”，然后把方块拉成一个地板的形状，如图3.31。

③ 因为是制作小木屋的地板，所以我们要选择木头，如图3.32。

④ 给木头选择一个比较接近木头的颜色，如图3.33。当然我们的木屋的颜色也可以选择我们喜欢的颜色。

图3.31　**拉伸方块**

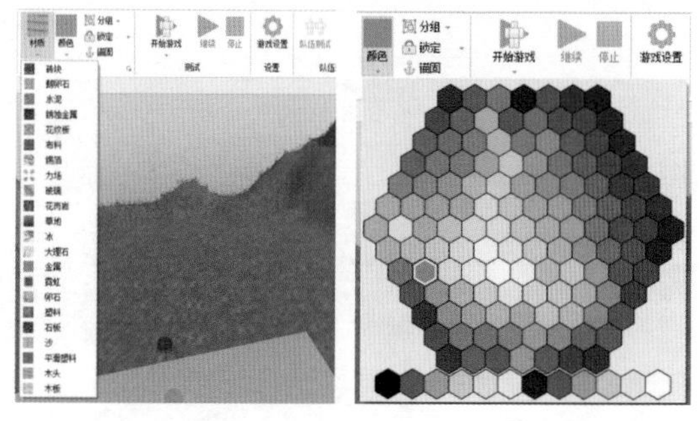

图3.32　**选择地板材质**　图3.33　**设置地板颜色**

（2）制作四面墙

现在地板已经制作好了，接下来制作四面墙壁。

① 鼠标左键点击地板，然后同时按住键盘上的Ctrl + D键，进行一键复制粘贴，生成第二块地板。

② 点击“移动”再点击“旋转”后，把墙面调整到与地板垂直，构成四面墙壁。

③ 在进行旋转操作的时候，我们需要点击模型，找到“旋转”项，查看每次旋转角度是否为以15、30、45为数值的度数，如图3.34所示；如果不是，请调整到这三个数值中的任意一个，便于后面的旋转操作。

④ 如果我们的墙壁与墙壁之间旋转不动，可以检查工具上的碰撞开关是否关闭（未选中即为关闭），如图3.35所示。

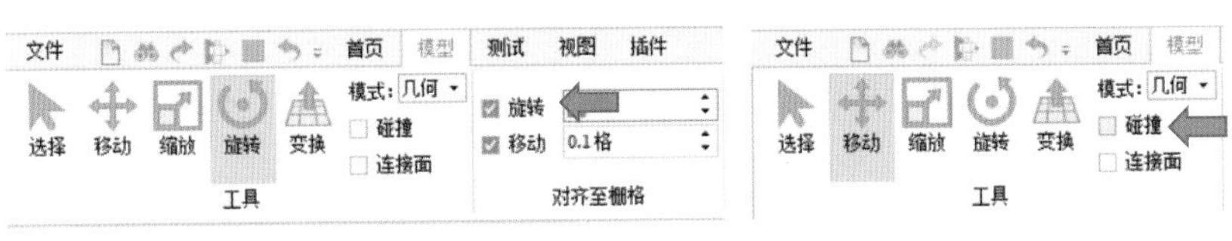

图3.34 **设置旋转角度**

图3.35 **检查碰撞开关**

制作墙壁过程如图3.36所示，最终墙壁效果如图3.37。

图3.36 **制作墙壁过程**

图3.37 **墙壁效果**

此时房子的四面墙已经建造成功。

（3）制作房顶

屋顶可以是一块板构成，也可以是木头房子那种三角形构成，我们以三角形木屋为例。

① 工具栏选择“部件”→“楔形”，如图3.38所示。

② 进行移动、选择、缩放等操作，把楔形部件移动到房屋顶部作为房顶，如图3.39所示。

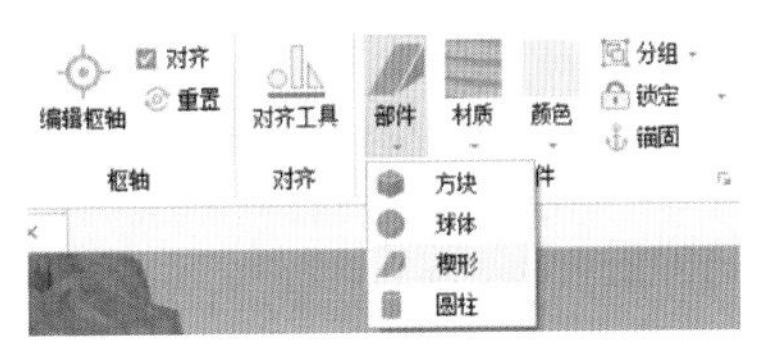

图3.38 **选择楔形部件**

③ 复制楔形部件，构成屋顶的另一半。这里可以让屋顶的大小超过墙的位置，看上去更有层次感，如图3.40所示。

一个简单的小屋就建成啦，但是房子是不是还差门与窗？下一节揭晓门窗的制作方法。

图3.39 移动楔形部件

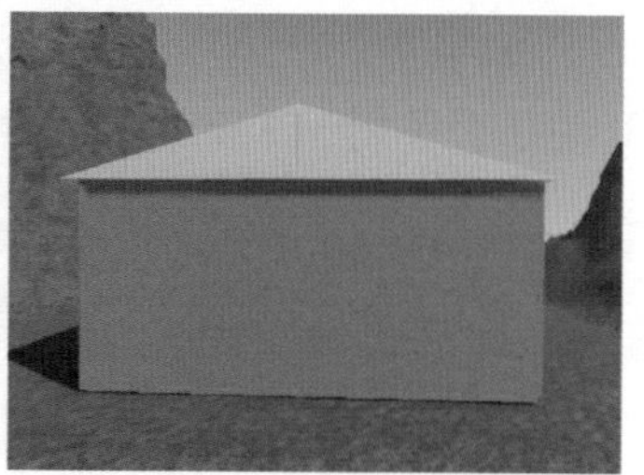
图3.40 复制楔形部件

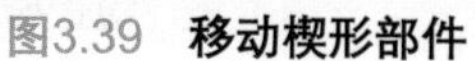

提示

检查小屋的所有部件是否已经锚固，未锚固的记得锚固。

本节特别鸣谢：青少年Roblox签约开发者张玲玥同学。

第三节 利用镂空制作门窗

本节通过学习实体建模功能，了解镂空与组合，并创造小屋的门与窗。

1. 制作门

① 选中想要建造门的那面墙，使用Ctrl + D快速复制一面墙出来。

② 然后点击“移动”与“缩放”，把部件改成门框大小，并且厚度要调整得比墙厚，如图3.41。

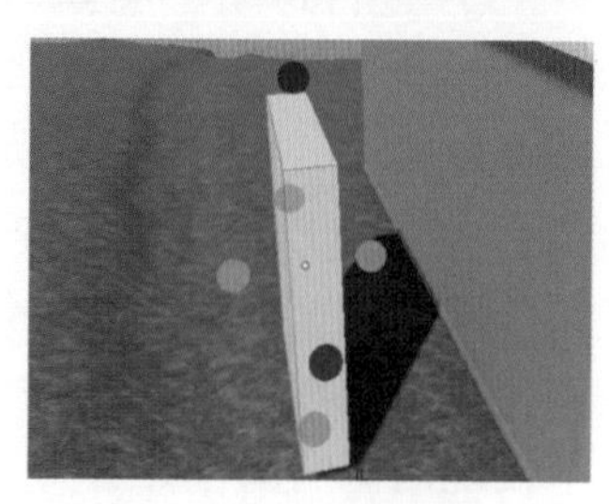
图3.41 调整部件大小

③ 把门移动到墙壁处进行重合。通过视角移动，可以观察到门的放置

情况。门的两边要超过墙壁的厚度。注意下方不要与地板重合，避免制作过程中产生未知错误，如图3.42所示。

④ 选中门，然后点击工具栏上的“镂空”，呈现如图3.43（a）的效果。镂空后，门的部件变成了半透明的样子，“组合”按钮变成了灰色（此步骤新手容易出错，请配合视频学习）。此时Workspace里原来名为Part的门变成了名为NegativePart的部件，如图3.43（b）所示。

图3.42 **将门与墙壁重合**

（a）

（b）

图3.43 **点击“镂空”**

⑤ 将镂空的部分与墙壁进行组合。鼠标点击镂空的门，然后左手按住键盘左下角的Ctrl键不松手，再用鼠标点击要组合的这面墙壁进行选中，此时名为NegativePart与名为Part的两个部件都被选中。

点击“组合”，即完成了门的制作，效果如图3.44。

此时整面墙变成了名字为Union（联合）的部件，如图3.45。

图3.44 **门的效果图**

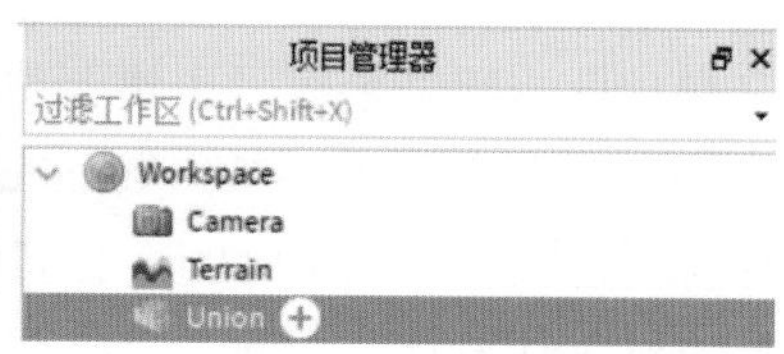

图3.45 **Union部件**

2. 制作窗

重复制作门的方法制作窗。

① 在制作窗的时候，把生成窗的部件多复制一份出来放到屋外备用，如图3.46。用移动工具进行位置移动，不要随意拖拽。

② 通过“镂空”→“组合”，完成窗框的制作。结果如图3.47所示。

图3.46 **部件备用**

图3.47 **制作窗框**

③ 大窗户的框制作好了，接下来把最开始多出的一块制作窗的部件移动回来，缩放到与墙壁同样的厚度。

④ 材质选择玻璃，颜色选择淡蓝色，如图3.48。

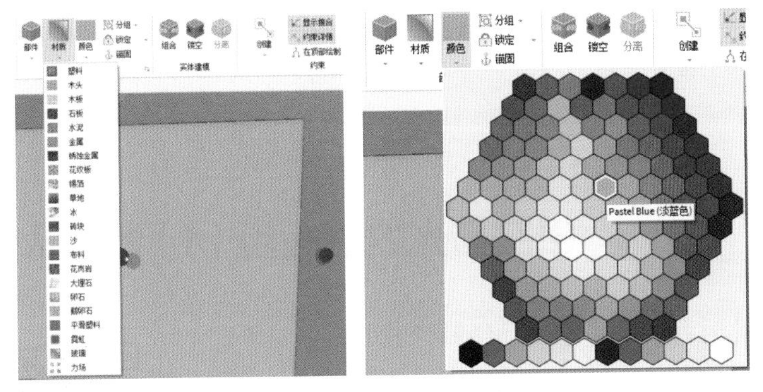

图3.48　**设置窗户材质与颜色**

⑤ 选择窗户的Part，查看其属性，调整Transparency为0.8，如图3.49。

图3.49　**设置窗户透明度**

如图3.50，玻璃的效果就出来啦。

图3.50　**玻璃效果**

提示

检查房屋的所有部件是否已锚固，未锚固的记得锚固。

第四节 镂空与光效的应用（1）制作火堆

此时我们的小木屋已经制作完成，但是看上去略显单调。本节将通过镂空的功能，结合光效为小木屋增添一些装饰。

1. 利用镂空制作盆

① 点击“部件”，选择生成圆柱。

② 然后点击“移动”与“缩放”调整位置与大小，选择材质为石板，颜色为锈红色，如图3.51。

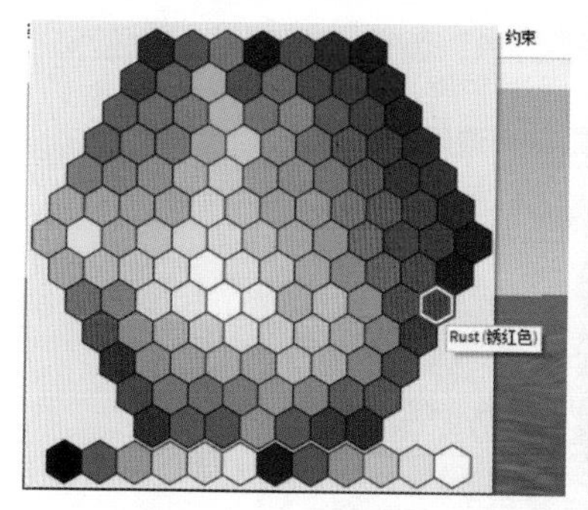

图3.51 **设置圆柱材质与颜色**

③ Ctrl + D复制一份出来，通过缩放制作一个小一点的圆盘。为了便于识别，小圆盘可以改变成其他颜色。

④ 把小的圆盘的下半部分与大圆盘重合。需要注意的是，小圆

盘与大圆盘的重合部分的高度不能高于大圆盘的高度，这里主要是方便我们使用镂空制作盆的效果，如图3.52。

⑤ 点击小圆盘，点击“镂空”。

⑥ 点击镂空后的小圆盘，再用左手按住键盘上的Ctrl键，鼠标同时点击大圆盘部分，点击“组合”（这里与门窗镂空的组合步骤相同）。

此刻生成了一个带有凹槽的火盆，如图3.53所示。

图3.52 **小圆盘与大圆盘重合**

图3.53 **带凹槽的火盆**

2. 制作燃烧的火柴

此时火盆就制作完成了，但是还缺少火柴与燃烧的火焰。

① 点击“模型”→“部件”，生成圆柱，通过缩放调整到合适的大小。

② 选择材质为木头，颜色为鲜亮橘，如图3.54。

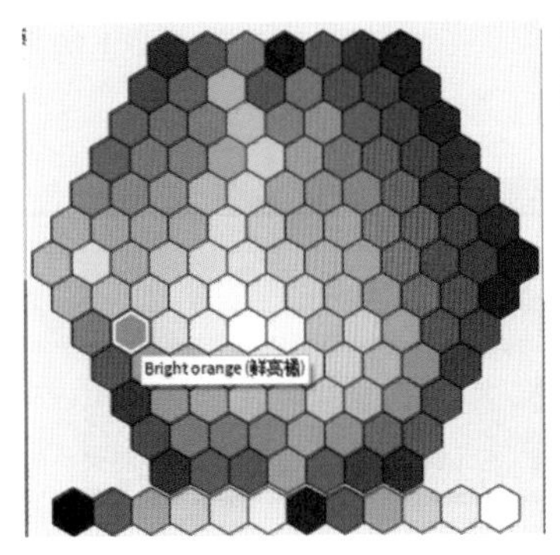

图3.54 **设置火柴材质与颜色**

③ 点击“模型”→“创建”，如图3.55，选择附件，然后在火柴的向上的头部点一下，如图3.56，生成一个附件。

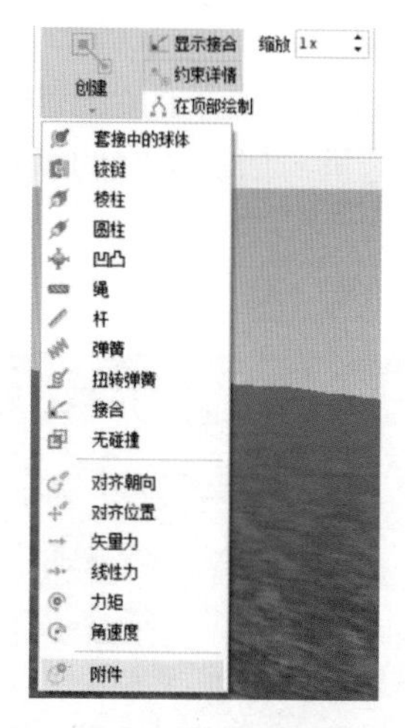

图3.55 在火柴头部创建附件（一）

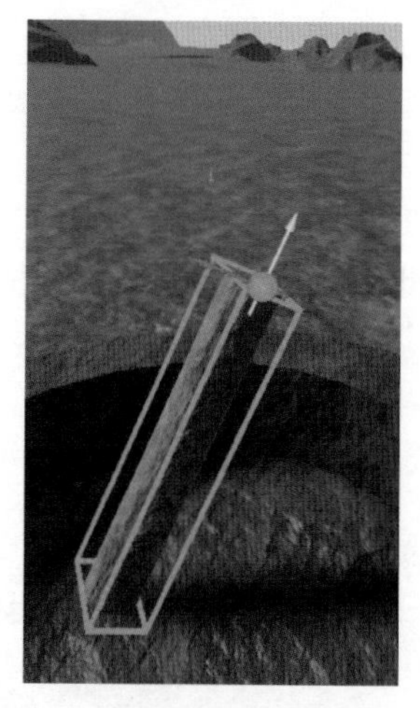

图3.56 在火柴头部创建附件（二）

④ 此时鼠标状态为附件状态，再重新选择“创建”，点击“附件”，取消鼠标点附件标记效果。

⑤ 选择Workspace里火柴的部件，选择子项名为Attachment的附件，如图3.57。

⑥ 点击Attachment上的“+”，选择火焰，就生成了火焰效果，如图3.58。

图3.57 选择火柴上的附件

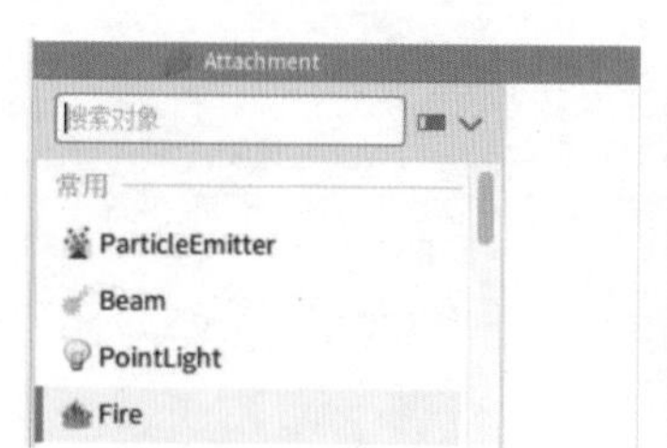

图3.58 添加火焰效果

提示

此时有可能火焰方向不是朝上的，那么就需要调整火焰方向。

⑦ 在Workspace里选中产生火焰的附件Attachment，点击“旋转”，然后旋转到我们想要的方向，如图3.59。

记住，我们旋转的是附件的方向，而不是直接选择的火焰，因为火焰是粒子特效，是不能通过旋转功能直接转动的。

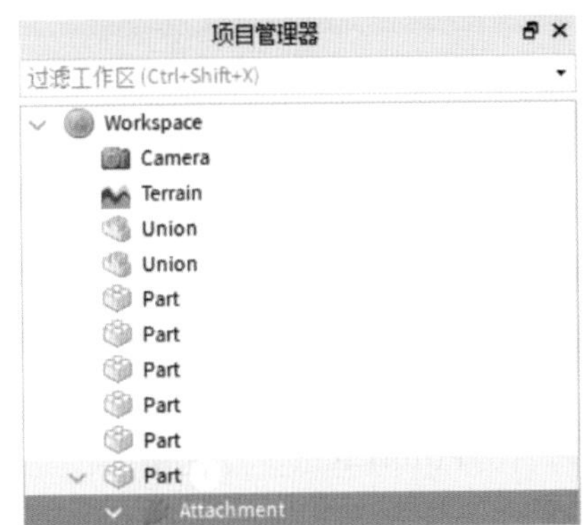

图3.59 **旋转火焰方向**

⑧ 选中火柴，使用Ctrl + D复制一根或多根出来，通过“旋转”→“移动”把它们放在一起形成火堆，如图3.60所示。

注意调整复制出来的火柴的火焰方向。

图3.60 **火堆**

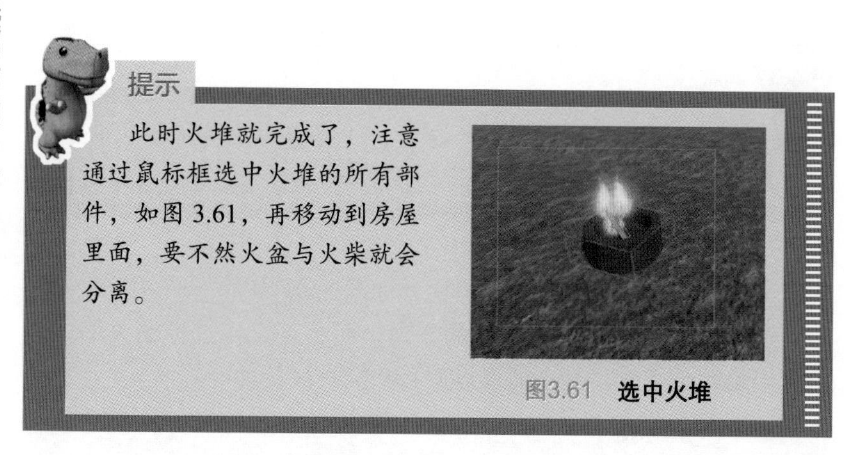

提示

此时火堆就完成了，注意通过鼠标框选中火堆的所有部件，如图3.61，再移动到房屋里面，要不然火盆与火柴就会分离。

图3.61　**选中火堆**

3. 火焰的光照效果

此时我们发现火堆是制作成功了，但是移到房屋里后它并没有发光，这跟我们现实中的火堆还是有一定的差距的，此时怎么办？可以通过Light（光效）为我们的火柴加上光照效果。

① 选中任意一根火柴，点击Attachment上的“+”。

② 在选项框里输入light，找到名为PointLight（点光源）的选项，点击即可添加点光源，如图3.62。

这里生成的PointLight与Fire都属于Attachment的子项。如果在Fire的子项里生成PointLight就没有任何光照效果。

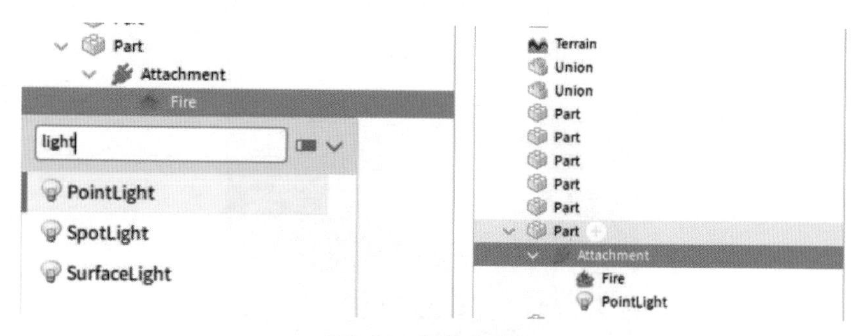

图3.62　**添加点光源**

添加光源前后效果对比如图3.63、图3.64所示。

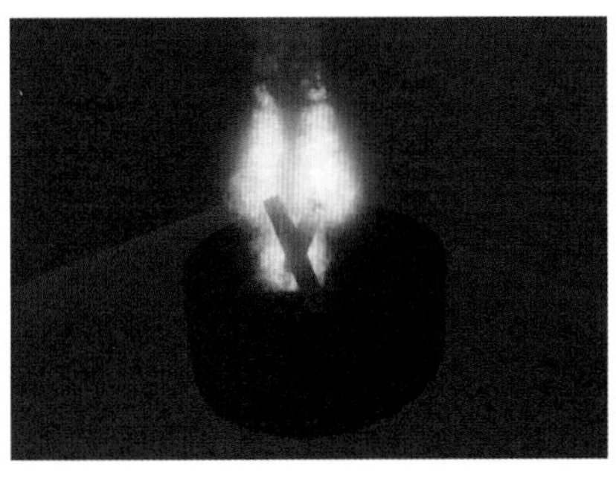

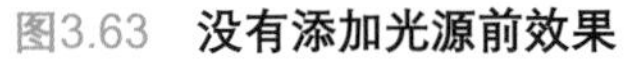

图3.63 **没有添加光源前效果**

图3.64 **添加了光源后的效果**

4. 调整光照的亮度

此时也许我们制作的房屋特别大，默认的光照亮度不能照亮我们的房子，此时就要调整PointLight的属性。

选中PointLight，可以看到如图3.65（a）的窗口，其中Brightness（光亮度）代表光的明亮程度，默认值是1，调整到5；Range（范围）代表光的照射范围，默认是8，调整到12，观察效果，如图3.65（b）所示。

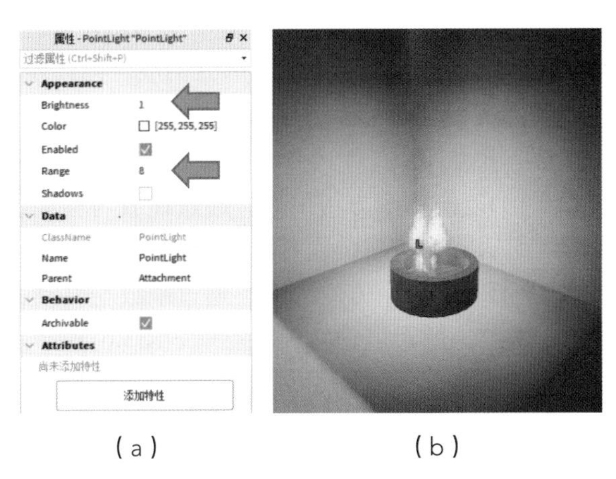

（a）（b）

图3.65 **调整光照亮度**

到这里，一个完整的火堆就完成了。当然你也可以通过组合镂空或改变火焰的颜色，创造出多种多样的燃烧效果。

提示

检查火柴是否锚固，未锚固的记得锚固，不然火柴会散落在火堆里。

第五节 镂空与光效的应用（2）制作一把剑

我们的小木屋的火堆已经完成，此时可以尝试做一件武器放到家里。在这个渺无人烟的地方，有一把武器十分重要。在这里我们选择做一把中国传统的剑。

1. 制作一把剑的简单模型

此剑是作为装饰品放在房屋里的，所以就不用严格按照手握的比例来创造。剑由剑身与剑柄两个主要部分构成，创建步骤如下：

① 点击“模型”→“创建”，选择方块，如图3.66。

② 通过缩放，把块变长。

③ 按住Ctrl + D复制一个方块出来，通过缩放与移动，放到整个剑身的头部作为剑柄部分，并设置为黑色便于区分。

④ 按住Ctrl + D复制一个方块出来，通过缩放与移动，放到剑的握柄处，并设置为黑色便于识别。最终效果如图3.67所示。

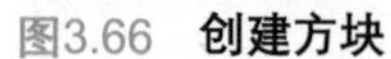
图3.66 创建方块

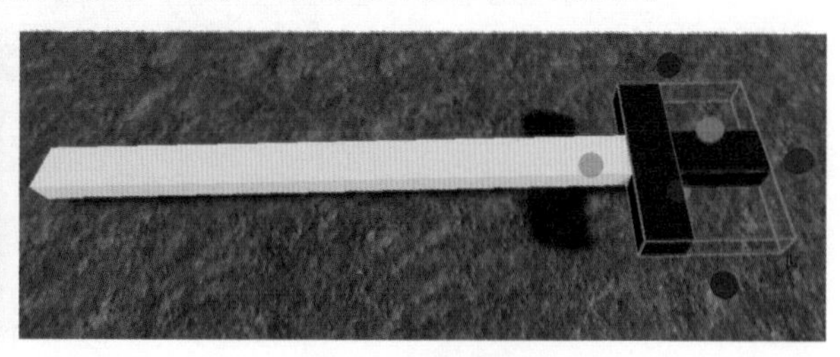

图3.67 剑的模型

提示

剑柄与握把部分的块要比剑身部分厚，不然颜色无法完全包裹住剑身部分。

⑤ 给剑身设置一个醒目的颜色，并调整Transparency的值，达到比较炫酷的效果，如图3.68。

图3.68 **调整剑身透明度**

2. 打磨剑身的细节

① 框选中整个剑的所有部件，然后移动到空中，并旋转90°，如图3.69，便于后面的制作。

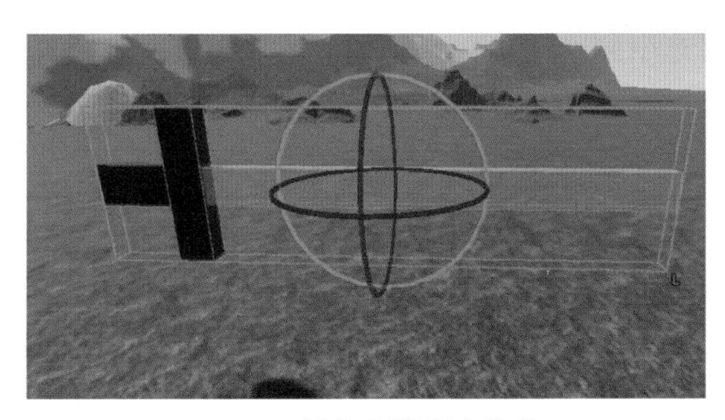

图3.69 **旋转剑的所有部件**

② 调整剑柄、剑身的厚度到适中，一般情况剑身都是比剑柄薄的。

③ 旋转剑身的Part，按下Ctrl + D复制两个出来备用，并改变复制的块的颜色便于后面识别。

④ 设置模型下的旋转角度为每次旋转15°，如图3.70所示。

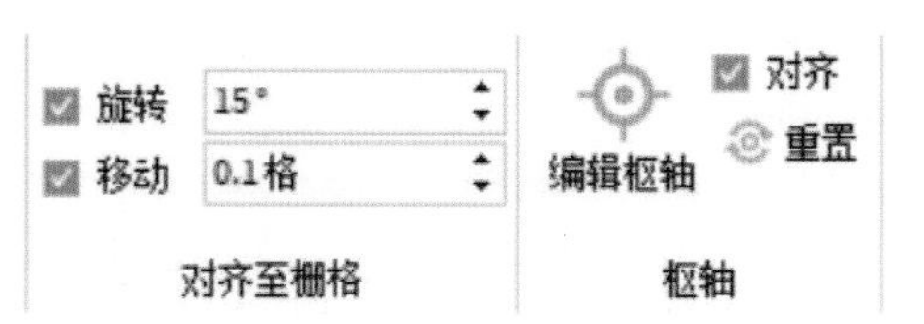

图3.70 **设置模型旋转角度**

⑤ 让复制出来的一个块与剑头部位呈30°的角度，重叠摆放，如图3.71所示。

⑥ 选择斜放的块，点击“镂空”，把重合的部分挖空，如图3.72。

图3.71 **复制块与剑头重叠摆放**

图3.72 **把重合部分挖空**

⑦ 同时选中剑身（不包含剑柄），点击“组合”，即完成了剑头的一边制作，如图3.73。

⑧ 重复上面第⑤、⑥、⑦三步，制作剑头的下边部分，如图3.74所示，注意保证剑头上下锋口对称。

图3.73 **完成剑头的一边制作**

图3.74 **制作箭头下边部分**

⑨ 选中剑身、剑柄、握把三个部件，点击“组合”，组成一个完整的剑模型，如图3.75所示。

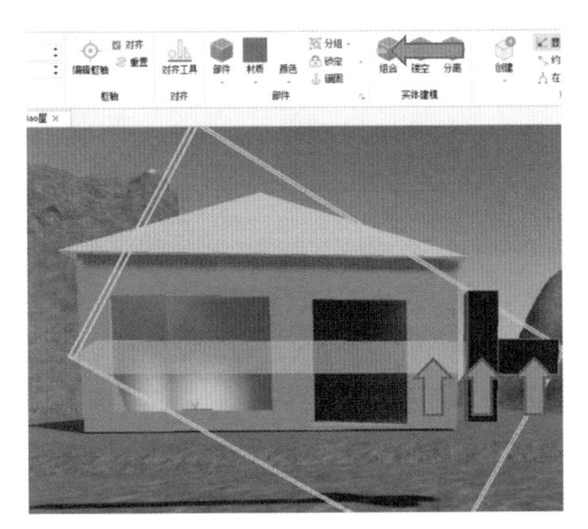

图3.75　**组合完成剑模型**

3. 给剑添加灯光效果

前面我们讲过，想要固定位置发光，需要通过添加Attachment（附件）的方式添加PointLight（点光源）。

① 点击“模型”→“创建”，选择“附件”，在剑身的头部与中部各点一个附件。

② 重复选择附件的步骤，取消附件的选取功能，此时打开约束详情可以看到附件的可视化效果，如图3.76所示。

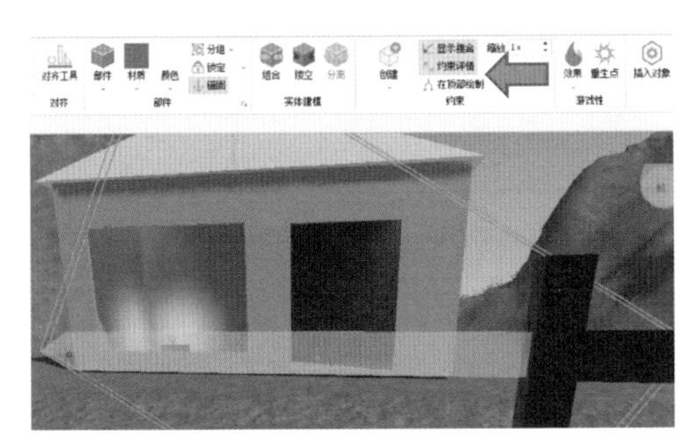

图3.76　**打开约束详情查看附件可视化效果**

③ 在所属的附件选取“+”，增加PointLight点光源，如图3.77。

④ 设置光的属性，调高PointLight的Brightness（光亮度）与Range（光范围）。

一把发光的具有压迫感的剑就完成了，如图3.78所示。当然我们也可以尝试通过添加附件的方式给剑的特定部位加上火焰的效果。

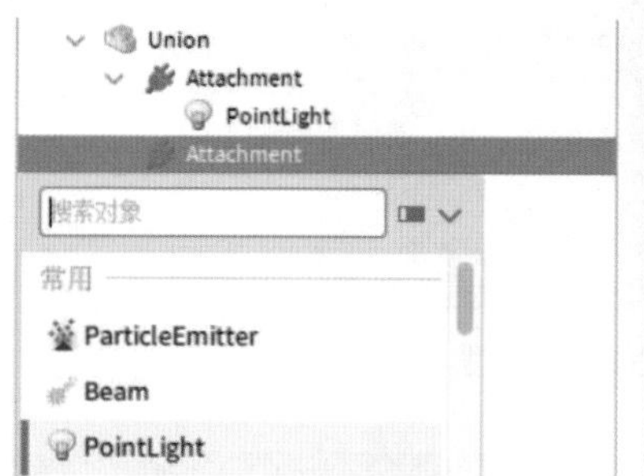

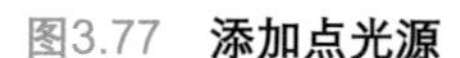
图3.77　**添加点光源**

图3.78　**发光的剑**

第六节　实体建模——制作武汉樱花树

小木屋的装饰品也已经完成，但是整个地图看上去还是有点单调。接下来我们将以武汉的樱花树为实例，教大家制作好看的树木，以及怎么通过粒子特效来为地图增加一些要素。

1. 制作树叶、树冠

Roblox可以通过工具进行实体建模，当然也可以通过导入模型的方式制作逼真的树。这里我们用Roblox自带的实体建模功能来制作武汉樱花树。

① 点击“模型”→“创建”，选择球体。

② 通过缩放调整球体大小，调整颜色与透明度。

③ 使用Ctrl + D复制两个出来，通过缩放与移动达到如图3.79的效果。

图3.79 **树叶、树冠**

2. 制作树干与树枝

① 点击“模型”→“创建”，选择圆柱。

② 通过缩放、移动、旋转、改变颜色等，让它成为树干的样子。

③ 使用Ctrl + D复制一个出来，做成树枝。

树干、树枝效果如图3.80所示。

将模型组合就成了樱花树，如图3.81。这时候我们可以选择多复制几个粉色球来丰富树叶。

图3.80 **树干与树枝**

图3.81 **樱花树**

3. 给樱花树加上花瓣与树叶掉落的效果

① 为了让樱花树看上去更加明亮一点。点击“模型”→“创建”，选择附件并在附件上添加PointLight。

② 点击“模型”→“部件”→“方块”，生成一个新的Part（方块），大小能够覆盖住樱花树的树冠，如图3.82。

③ 选中树冠的方块，选择效果里的PartcleEmittler（粒子效果），如图3.83所示。

图3.82　**生成覆盖树冠的方块**

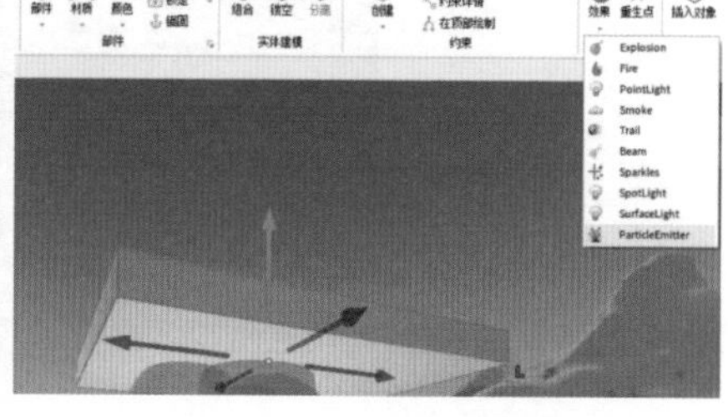

图3.83　**选择粒子效果**

④ 调整粒子特效。找到部件下名为PartcleEmittler的子项，如图3.84，设置Color为粉色、LightEmission（光消失时间）为0.1、LightInfluence（光影响）为1、Size（大小、尺寸）为0.5、Transparency（透明度）为0.3、Lifetime（粒子生存时间长短）为2.25、Speed（粒子生存移动速度）为2。如果效果不好，我们也可以根据实际情况调整上面的参数。

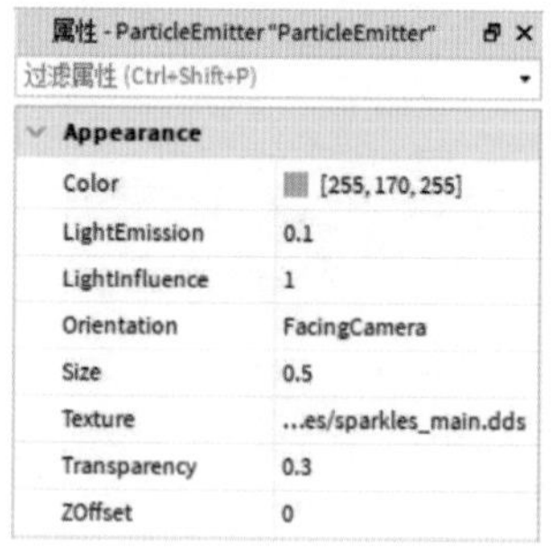

属性 - ParticleEmitter "ParticleEmitter"

过滤属性 (Ctrl+Shift+P)

Appearance	
Color	[255, 170, 255]
LightEmission	0.1
LightInfluence	1
Orientation	FacingCamera
Size	0.5
Texture	...es/sparkles_main.dds
Transparency	0.3
ZOffset	0

Emission	
EmissionDirection	Top
Enabled	☑
Lifetime	2.25
Rate	20
Rotation	0
RotSpeed	0
Speed	2
SpreadAngle	0, 0

图3.84　**设置粒子特效**

⑤ 旋转带有粒子特效的块，将块的Transparency（透明度）设置为1，如图3.85，注意锚固这个块。

图3.85 **旋转块并设置透明度**

花瓣随风飘落的樱花树就完成了，是不是很惊艳。

4. 打包樱花树

现在樱花树已经建造完成，但是它是由很多个部件构成，如果我们想要移动就必须选中所有部件，比较麻烦。现在有一个方法可以进行打包，打包后拖动树的任意部位，就可以移动整棵树。

① 在编辑界面，框选住一棵树的所有部件，如图3.86。

图3.86 **框选树的所有部件**

② 在Workspace区域里能够看到多个部件被同时选择，点击右键选择“分组”，就能进行打包了，如图3.87所示。打包后会生产一个名字为Model的组合部件。

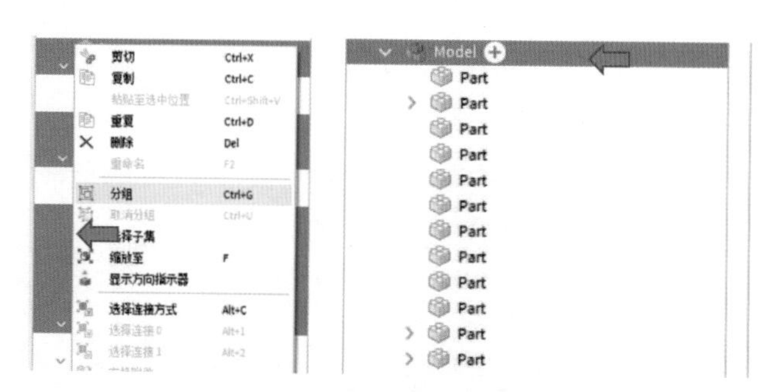

图3.87 **选择“分组”进行打包**

我们可以用同样的方法，来给地图制造如图3.88的下雪的效果。

图3.88 **下雪效果**

提示

锚固制作雪与树叶飘落的部件。

5. 通过工具箱制造树的模型

如果我们对自己制造的树不够满意，这里有一个更好的方法，可以找到各种各样的树用来装饰我们的地图。

① 点击“工具箱”。

② 在搜索栏里选中“模型”，输入英文Tree（树），会出现很多种类的树，如图3.89（a）所示。

③ 单击左键选中我们喜欢的树模型，就会自动生成在编辑地图里面，如图3.89（b）所示。

（a）　　（b）

图3.89　**使用工具箱制造树的模型**

这样我们在创造的过程中，可以在系统商店里面使用各种各样的模型来丰富我们的作品。

> **提示**
>
> 注意检查所选模型是否带有恶意代码或者是否收费，如果收费请删除此模板。

第七节　Surface Gui制作告示牌

小木屋的装饰品、地图的布置等都基本完成，雪山中的小木屋是不是特别的温馨？但是如何让进入到游戏的玩家知道这木屋是谁的呢？

这就是接下来给大家展示的，如何通过Roblox Studio自带的GUI（界面），来制作一个告示牌。

1. 创建招牌

在创建表面GUI前，你需要一个与之相连的基本Part。该Part的大小与我们即将创建的表面GUI大小匹配。

① 创建正好为20格长（*X*）、10格高（*Y*）、2格长（*Z*）的部件，如图3.90、图3.91。

Size	20, 10, 2

图3.90 **招牌尺寸设置**

图3.91 **招牌部件**

注意

请按照要求设置块的长宽高，利于后面的制作。

② 将这个部件重命名为BillBoard（告示牌），如图3.92，便于识别，因为目前Workspace里面有太多以Part命名的部件。

图3.92 **重命名招牌部件**

2. 创建表面GUI

现在，我们来创建表面GUI，并将其作为告示牌部件的直接子元素。

① 在“Explorer”（管理器）窗口中，将鼠标悬停于BillBoard对

象上，然后单击“+”按钮。

② 从下拉菜单中选择SurfaceGui，如图3.93。此操作将在部件前侧表面创建空白的表面GUI空间。

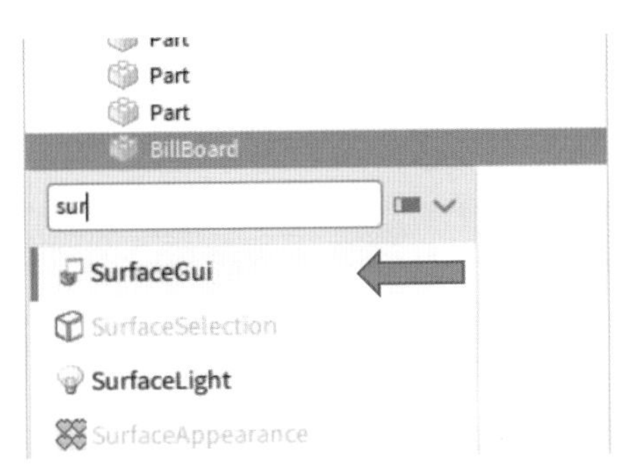

图3.93 **创建表面GUI**

3. 添加文本标签

正如在屏幕上创建新的ScreenGui空间一样，新的SurfaceGui一开始是一块空白画布，横跨部件的完整表面（前侧、顶部、后侧、左侧等）。

你可以将很多元素添加至表面GUI，但我们先从基本的文本标签开始。在“Explorer”（管理器）窗口中，找到SurfaceGui对象并插入TextLabel，如图3.94。

此操作可将纯文本标签添加至部件的前侧表面，如图3.95。

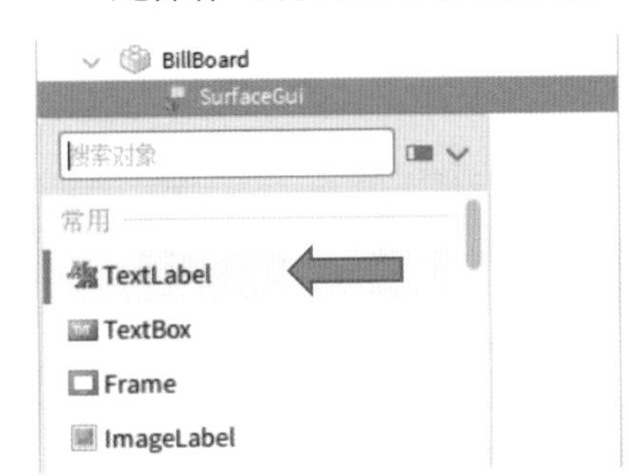

图3.94 **添加文本标签**

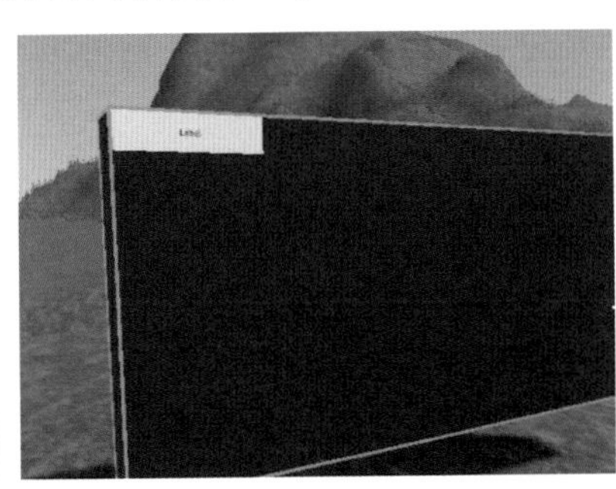

图3.95 **文本标签效果**

提示

如果发现我们的Part正面没有这个文字为Label的标签，可以通过视角旋转，寻找一下这个Part的其他面是否有这个标签。因为每个开发者拉伸的时候，对Part的*X*、*Y*、*Z*数据设置不一样。

4. 自定义设置标签

现在，我们来更改文本标签属性，使文本标签居中显示并填充大部分前侧表面。

① 单击管理器中的文本标签（如果尚未选中）。

② 在“属性”窗口中找到AnchorPoint（锚定点）属性。将*X*和*Y*都设置为0.5，以便将锚定点居中显示，如图3.96所示。

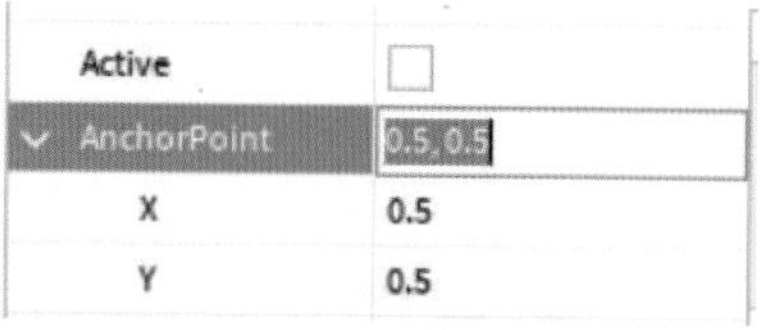

Active	☐
∨ AnchorPoint	0.5, 0.5
X	0.5
Y	0.5

图3.96 **设置锚定点**

③ 将BackgroundColor3（便签背景颜色）更改为你喜欢的颜色。

④ 将BorderSizePixel（边界像素大小、标签边框）设置为0，以移除标签边框。

⑤ 对于Position，请将X→Scale（比例）和Y→Scale（比例）都设置为0.5，如图3.97。

此操作可将标签居中显示于表面GUI的边界内。

∨ Position	{0.5, 0},{0.5, 0}
∨ X	0.5, 0
Scale	0.5
Offset	0
∨ Y	0.5, 0
Scale	0.5
Offset	0

图3.97 **设置位置比例**

> **提示**
>
> 这里解释一下为什么是设置Scale（比例）。因为整个Part对于标签来说，最大比例就是1，所以设置位置的比例为0.5时标签肯定是居于这个部件的中间，这样比设置Offset（偏移量）更加容易获得我们想要的位置。

⑥ 在Size部分，将X→Scale（比例）设置为0.9，并将Y→Scale（比例）设置为0.9，Offset（偏移量）都设置为0，得到我们想要的几乎占满全部面的标签，如图3.98。

Size	{0.9, 0},{0.9, 0}
X	0.9, 0
Scale	0.9
Offset	0
Y	0.9, 0
Scale	0.9
Offset	0

图3.98 **设置尺寸比例**

5. 输入我们想要展示的文字

如图3.99，我们尝试在Text的属性栏名为Lable的项目中输入以下文字：

“大家好，欢迎来到***的世界，这里有山川、河流还有雪景，还有躲避风雪的小木屋，快来玩耍吧”。

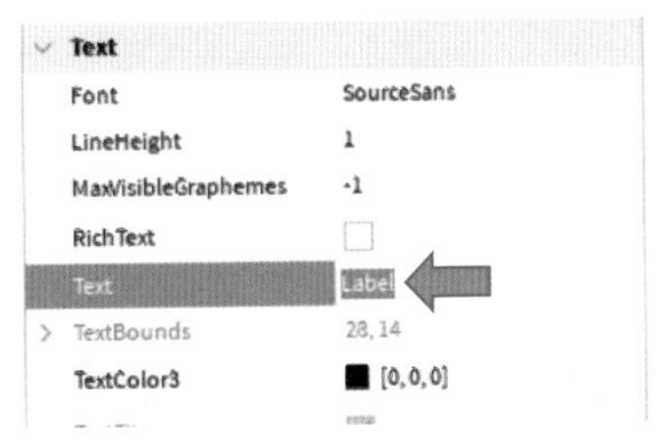

图3.99 **输入展示的文字**

我们会发现文字非常小，而且颜色是黑色的，看不清楚，接下来就需要调整。

① 找到Text的属性栏中名为TextScaled的项目，把它勾选上，这下我们的文字就会根据整个标签的大小比例进行缩放，如图3.100所示。当然整个缩放也是有极限的，只不过这样的方式更快捷。

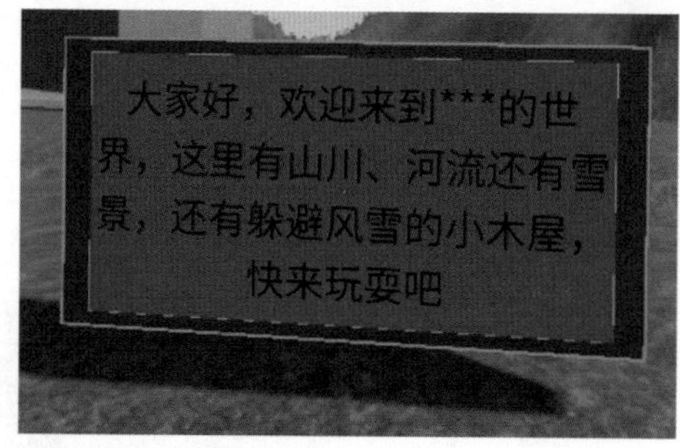

图3.100 **根据标签大小缩放文字**

② 更改字体颜色。点击Text的属性，点击名字为TextColor3（文字颜色）的选项，然后为文字选择一个明亮的颜色，这里是用的白色，如图3.101所示。

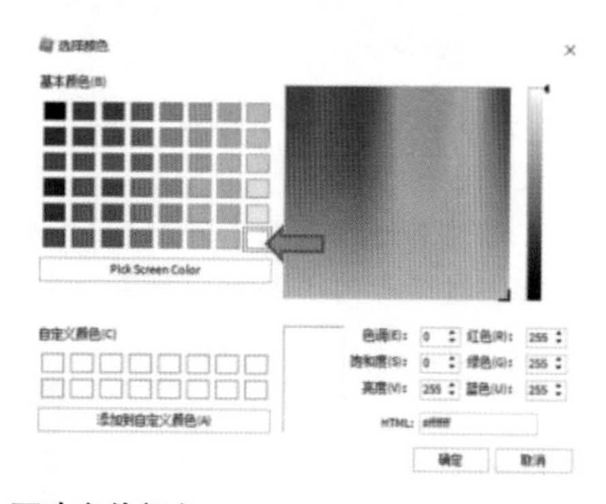

图3.101 **更改字体颜色**

这下我们的告示牌（如图3.102）是不是就变得很便于观看了。

GUI是一个很专业并且全面的界面设置系统，因为内容过多，这里就不一一举例详细说明了。后期的书籍扩展内容会针对GUI如何设置互动界面、图片、可视化按钮等进行详细展示。

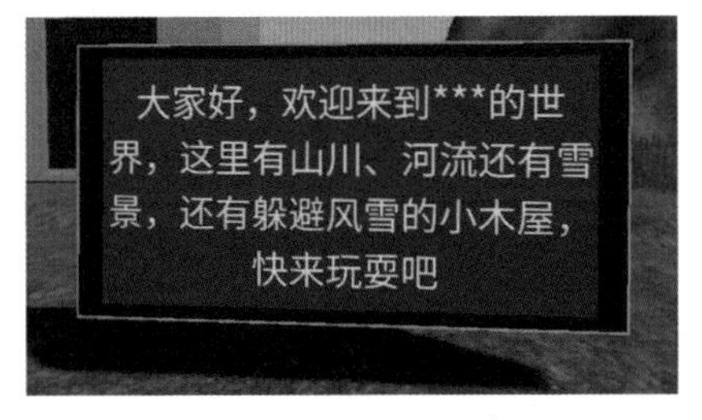

图3.102　**最终的告示牌效果**

第八节　音效——为游戏添加音乐

无声的游戏总是让人感觉欠缺点什么。经常会有开发者忽略掉游戏中声音与音乐的重要性。如果能对这两方面进行创造性的运用，则可以为我们的游戏奠定感人肺腑或激动人心的基调，增添游戏悬念，更能让游戏中的角色栩栩如生。

1. 音频商店

在工具箱中，可搜索到大量可以免费使用的音频。

① 单击“商店”选项卡，从菜单中选择“音频”，如图3.103。

图3.103　**在“商店”中选择“音频”**

② 点击音乐文件上的播放按钮，这里我们以第一个默认音乐为例，就可以听到音乐了，如图3.104所示。

③ 单击我们想要的音乐图标，然后会在Workspace里面生成一个音频文件，如图3.105所示。

④ 点击Workspace里面的音乐图标，查看属性，其中把Playing勾选上，如图3.106，这样启动游戏的时候音乐就会自动播放了。

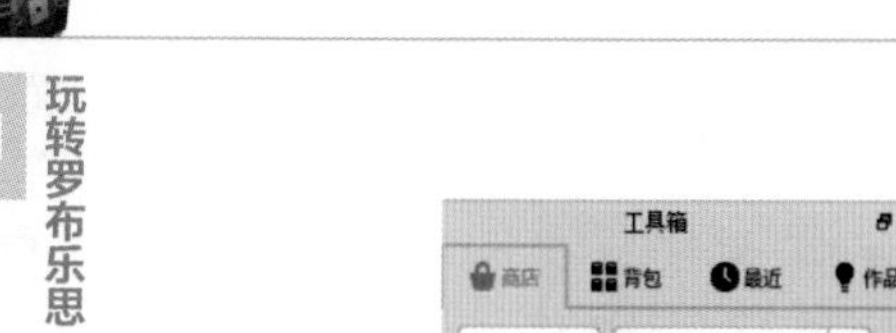

图3.104 **点击播放按钮播放音乐**　　图3.105 **生成音频文件**

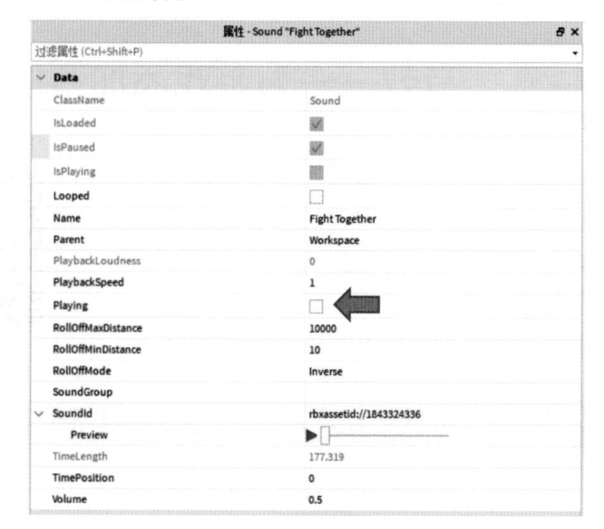

图3.106 **勾选Playing**

⑤ 属性栏中Volume是调整播放音乐声音大小的，如图3.107所示。

Volume	0.5

图3.107 **调整声音大小**

⑥ 也可以通过点击Search，搜索自己想要的音乐，目前音乐库还不够丰富，所以可能搜索不到自己想要的音乐，这个时候我们还有最后一招，上传自己想要的音乐。

提示

自主上传音乐会收费，谨慎使用，并且注意不要侵权。

2. 上传自定义音频

在Roblox中上传音频文件需要花费少量Robux —— 这是因为官方需要花费时间对用户上传的每个声音文件进行审核。收费标准如表3.6所示。

表3.6 上传音频的收费标准

时长	价格
0～10秒	20
10～30秒	35
30秒～2分钟	70
2～7分钟	350

以上传一份格式为mp3或ogg的文件为例，操作如下。

① 打开“素材管理器”，如图3.108所示。

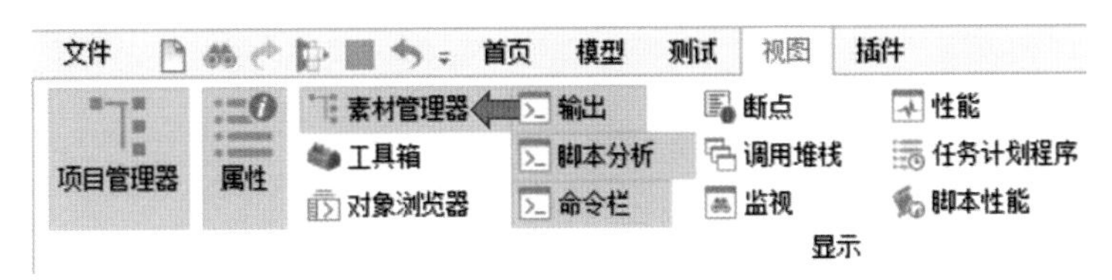

图3.108 打开“素材管理器”

② 在音频处点击右键，选择“添加音频”，如图3.109所示。

图3.109 选择“添加音频”

③ 从本地选择你想要导入的音频文件并确定。

④ 在弹出的文件导入窗口中确认上传文件所需的Robux价格。准备完成后，点击Confirm（确认）按钮。

⑤ 导入完成后，音频文件将会显示在音频文件夹下，如图3.110所示。使用方法与前面一样，单击即可添加。

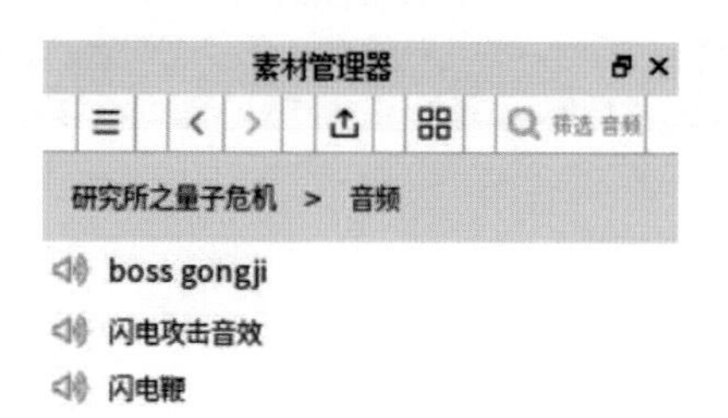

图3.110　**音频文件**

当然在游戏中我们的音乐可能在不同的事件中播放，这就需要用到后面我们要介绍的程序控制来进行处理。

第四章

程序控制

第一节 Roblox Studio引擎认识

到这里我们将挑战用代码来完善我们的作品，成为罗布乐思开发达人。本节内容对Roblox开发引擎的内置功能进行描述，便于加快后面代码开发过程的进度。

1. 引擎介绍

Roblox Studio是一款入门门槛较低的引擎，功能十分强大，非常适合想设计游戏但计算机基础较薄弱的人。

引擎本身携带了许多功能，例如自动获取玩家模型功能、移动功能、跳跃功能、相机视野功能、查看在线好友功能，这些功能都不用开发者编辑，在任何新建项目里都会有。

2. 获取玩家模型

玩家进入游戏或者在Roblox Studio上点击开始游戏后，引擎会自动获取账号的模型。这个模型是玩家自定义的，每个玩家的模型可能都不一样。

我们将做好的模型放在项目管理器的StarterPlayer中，并将模型

命名为StarterCharacter即可。例如我们把如图4.1的白色的人物模型放在如图4.2的StarterPlayer中，改名为StarterCharacter，玩家开始游戏的时候就会自动获取这个模型作为玩家的角色。

图4.1　**白色人物模型**

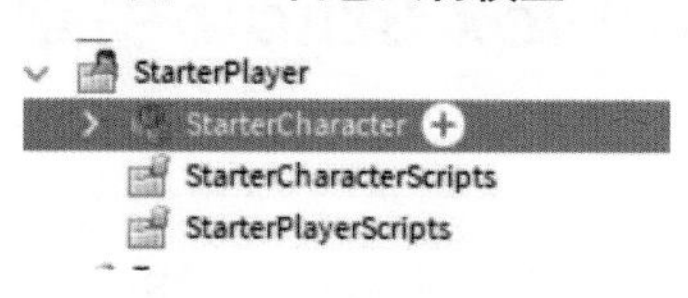

图4.2　**模型重命名**

注意

只有满足人形条件的模型改名为 StarterCharacter 后才能运行，不然玩家将无法移动。模型的任何 Part 都不能锚固，不然将无法移动。

3. 重生点控制

在新建的项目中游戏会自动给你创建如图4.3的重生点，每次玩家模型重生都会在这个Part上面出现。

如果重生点不小心被删除或者想要多几个重生点，可以点击菜单栏的“模型”→“重生点”，就会有新的重生点出现。如果场景里有多个重生点，那么默认玩家会随机在任一重生点重生。

图4.3　**重生点**

4. 自动移动

电脑端提供了两种移动方式，一种是键盘W、S、A、D键移动，一种是上下左右的按键移动。手机提供了触摸地面移动、静态摇杆和动态摇杆三种移动方式。修改方法是点击StarterPlayer，在属性页面找到如图4.4的两个选项，其中DevComputerMovementMode是电脑的移动方式选择，点击DevComputerMovementMode右方框选处会弹出四个选项，它们分别代表的移动方式如表4.1所示。

表4.1 **电脑端移动方式说明**

选项	作用
KeyboardMouse	只能用键盘W、S、A、D键，上下左右按键移动
ClickToMove	点击鼠标右键或者键盘W、S、A、D键，上下左右按键移动
Default	默认（键盘移动）
Scriptable	不使用自带的移动方法，由开发者自己写代码确定移动方式
UserChoice	玩家自己选择移动方式

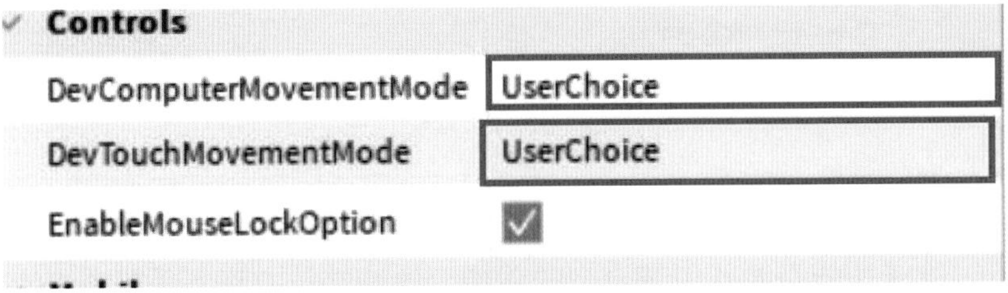

Controls
DevComputerMovementMode UserChoice
DevTouchMovementMode UserChoice
EnableMouseLockOption

图4.4 **移动方式选择**

DevTouchMovementMode是触摸设备的移动方式选项，点击DevTouchMovementMode右方选项可以看到如表4.2所示的七个选项。

表4.2 **触摸设备移动方式说明**

选项	作用
Default	默认方式，即动态转盘移动方式
Thumbstick	将移动控制器更改为摇杆(没有就默认动态摇杆方式)
DPad	将移动控制器更改为手柄方向键（没有就默认动态摇杆方式）
Thumbpad	将移动控制器更改为拇指方向键（没有就默认动态摇杆方式）
Scriptable	不使用自带的移动方法，由开发者自己写代码确定移动方式
ClickToMove	点击屏幕移动
UserChoice	玩家自己选择移动方式

除了修改移动方式，你还可以修改玩家的移动速度。点击StarterPlayer查看其属性面板，找到如图4.5的两个属性，CharacterMaxSlopeAngle后面的数字代表人物能行走的最大斜坡度数，CharacterWalkSpeed后面的数字代表玩家的移动速度。你可以在修改后，点击“开始游戏”，体验玩家的移速变化。

CharacterMaxSlopeAngle	89
CharacterWalkSpeed	16

图4.5 **修改移动速度**

5. 跳跃功能

跳跃功能是游戏引擎自带的功能，电脑端按空格、手机端点击按钮即可触发跳跃。你可以调整跳跃的属性。点击StarterPlayer查看其属性面板，有如图4.6的两个属性。CharacterUseJumpPower的作用是修改玩家跳跃的标准，如果CharacterUseJumpPower没有打钩，那玩家就跳跃固定的高度，CharacterJumpHeight后面的数字代表玩家跳跃的高度。如果CharacterUseJumpPower打了钩，CharacterJumpHeight就会变成CharacterJumpPower，修改CharacterJumpPower就能改变玩家每次跳跃的力量。

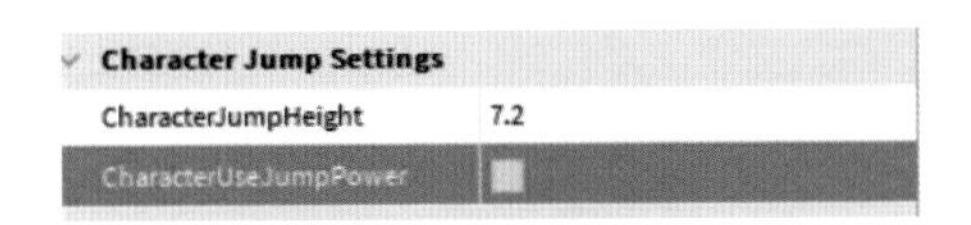

图4.6 跳跃属性

6. 相机类型

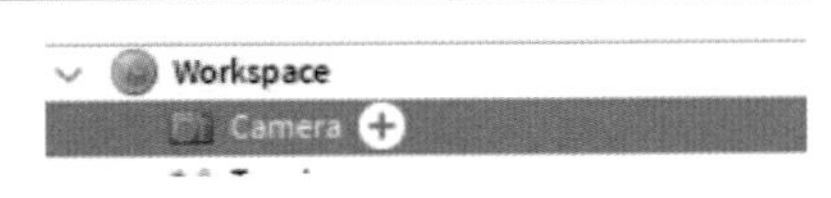

图4.7 设置相机移动方式

相机的画面就是会在玩家屏幕上出现的画面。罗布乐思的相机有许多自带的移动的方式。如图4.7，点击Workspace下的Camera，查看属性面板，找到CameraType属性，点击右边的选项会弹出相机不同移动方式的选项，各选项的具体功能如表4.3所示。

大家可以一个属性一个属性地更改，查看几种模式对游戏画面的影响。

表4.3 相机移动方式

项目	说明
Fixed	相机不会移动
Watch	你可以用鼠标右键控制镜头上下左右方向旋转，但角色移动时相机会自动与角色模型在同一水平
Attach	玩家可以用鼠标右键控制相机上下方向旋转，但左右旋转会跟随角色模型
Follow	你可以用鼠标右键控制镜头上下左右方向旋转
Custom	默认模式，和Follow一致
Orbital	玩家的视野只能在左右方向旋转
Scriptable	不使用系统自带的相机移动旋转方式，开发者自定义相机运动方式

第二节 Print（“Hello world！”）脚本创建

认识了Roblox引擎的内置功能，那么如何给我们的模型加上代码呢？接下来就演示如何添加代码。

简单来说脚本就是用来控制游戏物体的文本，游戏内的物体会根据你写的脚本来运动。罗布乐思的脚本语言使用的是LUA语言，本章笔者会用尽量通俗的语言来讲述脚本的创建和编辑。

创建脚本的方式很简单。如图4.8，首先找到项目管理器的ServerScriptService，将鼠标放在项目管理器上时，点击图中用黄圈标记的加号，就会弹出如图4.9的展开栏，在展开菜单里找到Script，单击即可创建脚本,也可以在展开栏的搜索对象处搜“Script”，就可以直接找到Script。

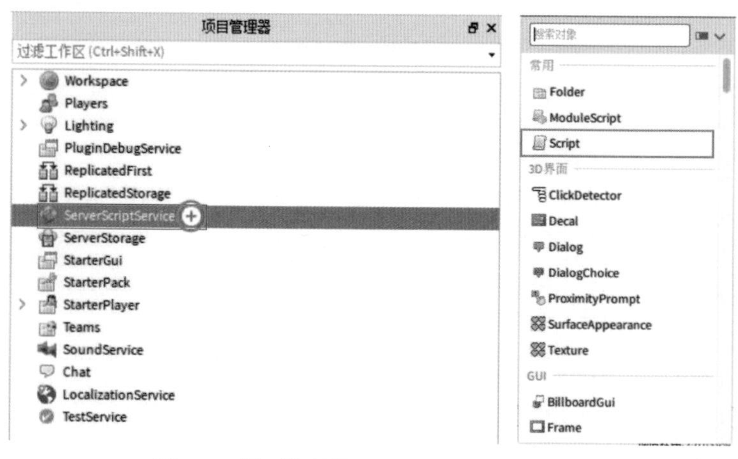

图4.8　**项目管理器**　　图4.9　**展开栏菜单**

创建好后，会自动弹出如图4.10的页面，这是罗布乐思的脚本编辑界面，如果没有弹出，可以双击图4.11处刚创建的Script，也会弹出图4.10的界面。创建的新脚本会自动编写一个最简单的程序print("Hello world!")，意思是在测试栏输出“Hello world！”。

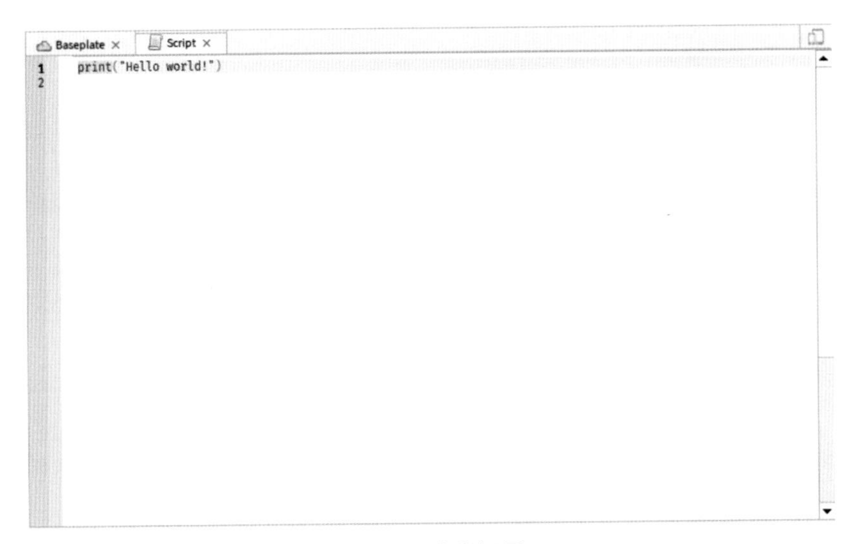

图4.10 **脚本编辑界面**

图4.11 **创建的脚本文件**

当我们完成脚本创建后，就可以打开脚本编辑界面进行脚本编辑。

脚本测试的方法是点击菜单栏的“开始游戏”，或者按快捷键F5。如果我们没有更改新脚本，那么我们点击“开始游戏”后将在输出栏看到图4.12的输出文字。如果在页面下方看不到输出栏，可以点击软件上方“视图”→“输出”按钮打开输出栏。

图4.12 **输出栏**

尝试输入你想要的字符到程序中，看看脚本是否会正常输出，如图4.13所示。

```
print("你好")
print("我是罗布乐思开发者")
```

图4.13 **输入字符**

① 输入“你好”。

② 输入“我是***”。

到这里我们已经知道了怎么打开代码编辑窗口。如果要给某一个模型添加代码应该怎么办？在第四节中，我们会详细介绍。

第三节 LUA语法基础

在了解变量和函数前要先明白什么是代码，代码就是你给电脑的命令。因为电脑无法理解我们人类的语言，所以要把人类的语言翻译给电脑。想要将人类的语言直接翻译成电脑的语言太复杂了，因为人类的语言变化太多了，于是编程语言出现了。编程语言就是能够翻译成电脑语言的语言。而编程语言也有很多种，它们都要用特定的编译器（可以理解成翻译器）编译成电脑能识别的语言。程序员的任务就是把人类的语言命令翻译成代码，电脑上的编译器再把代码翻译成电脑能识别的语言。

本节内容从最基本的开发知识基础出发，给大家介绍一些接下来开发需要认识的常用语法，便于理解后续章节中的专用名词的意思。

1. LUA编程语言

在罗布乐思中代码翻译成电脑语言的过程是自动的，不需要开发者进行操作，在点击“开始游戏”的时候就会自动翻译，然后电脑就会执行用代码翻译成的命令。用这些编程语言写的话就叫代码。罗布乐思能翻译的语言就是LUA语言。

本节不会过深地讲解LUA语言的整体运用，只会讲解实际用法。

注意

代码的标点符号只能用英语的标点符号。

2. 变量和函数

变量指的是变化的量。在编程中变量可以是一个数字、一个字母、一串文字等。每个变量都会有一个名字，用这个名字代替这个变量。

函数也叫方法。在一个程序中有些代码会执行很多遍，例如你需要让一个灯不断地点亮、熄灭，不可能这个灯点亮熄灭一百次，你就把这个代码写一百遍，这样会大大消耗程序员的时间。函数的作用就是把若干代码写在一起，封装起来成为一个整体。把若干代码封装的操作叫作定义函数。当你想执行这个整体的时候，只需要告诉电脑这个整体的名字，它就会将这个整体的所有代码一起执行。这样你每次需要让电脑执行该段代码的时候，只需要写下函数的名字和设定好的变量就行了，这个操作叫作调用函数。

定义变量的四种方法：

① local [变量名] = [值]

② [变量名] = [值]

③ local [变量名]

④ [变量名] =[值]

如图4.14就是定义变量的方法。

local是作用范围的意思。如果你不明白local的意义，就每次定义时都加上local。

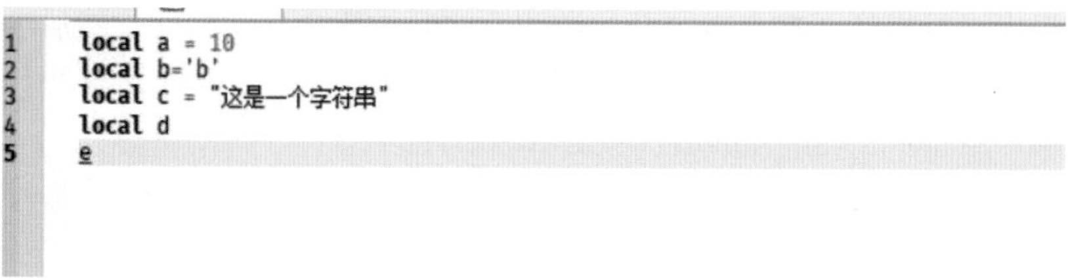

```
1  local a = 10
2  local b='b'
3  local c = "这是一个字符串"
4  local d
5  e
```

图4.14　**定义变量示例**

定义字母的时候用单引号‘’标示，定义字符串（即多个字母或者中文）要用双引号“”标示。

定义完成后你就可以使用这些变量，比如进行四则运算和输出。

如图4.15，我们让a的值等于a + e后，输出的a值就是20了，然后其他的变量没有变化，就按定义的数据输出了。因为*d*没有赋值，所以*d*的值就是空的，所以输出了nil。

在LUA中nil就是空的意思，就是什么都没有。

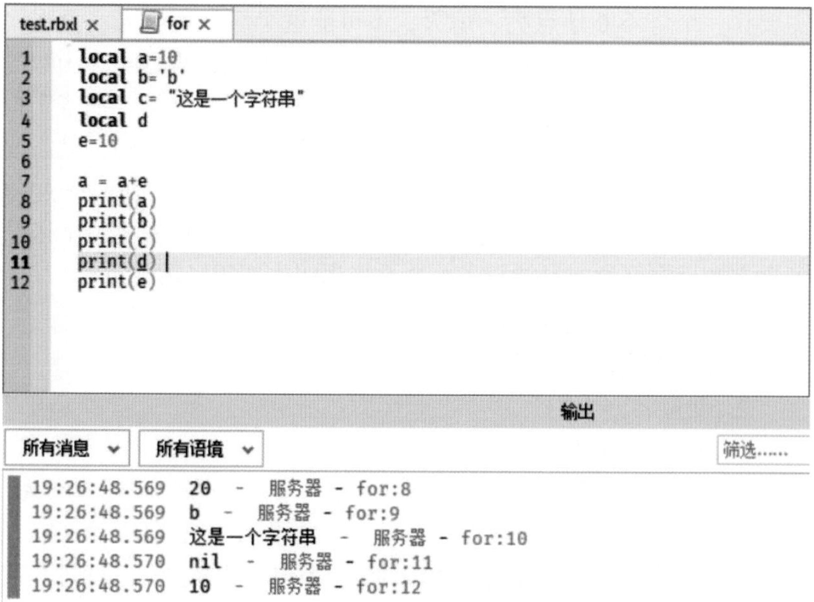

```
test.rbxl ×   for ×
1  local a=10
2  local b='b'
3  local c= "这是一个字符串"
4  local d
5  e=10
6
7  a = a+e
8  print(a)
9  print(b)
10 print(c)
11 print(d)
12 print(e)
```

```
输出
所有消息   所有语境   筛选……
19:26:48.569  20  -  服务器 - for:8
19:26:48.569  b  -  服务器 - for:9
19:26:48.569  这是一个字符串  -  服务器 - for:10
19:26:48.570  nil  -  服务器 - for:11
19:26:48.570  10  -  服务器 - for:12
```

图4.15　**变量运算和输出示例**

3. 对象和类

对象就是一个既有变量又有函数的整体。对象也可以将若干对象、变量、函数封装在一起，变量的数量和函数的数量都可以是零。你可以通过对象去访问对象包含的变量和函数。类可以理解成对象的模板，所有的对象都是通过类来创建的。例如“人”是一个类，每个人都是一个个体，每个人都有一个脑袋和四肢。在编程中要先定义类，你才能通过类来定义对象。

定义对象的四种方法：

① local [对象名] = [值]

② [对象名] = [值]

③ local [对象名]

④ [对象名] =[值]

注意

变量名不能和 LUA 关键字相同。LUA 关键字如下：

and	or	not	function	table	nil	for	while	if	then	elseif
do	break	in	return	until	goto	repeat	true	false	else	local

我们可以看到对象和变量的定义方法是一致的。如图4.16在输出栏程序成功地输出了各对象的属性。Instance.new（“类名”）用来创建能在项目管理器里看到的类的对象，可以理解为复杂的对象，简单的对象用[类名].new( )创建。

对象还可以被引用，就是一个对象拥有两个名字。当我们用任意一个对象名去修改属性时，都是对同一个对象属性的修改。如图4.17所示，a、b都是同一个对象的对象名。我们对b进行修改，输出a，发现a也被修改，故它们是同一个对象。在游戏中我们会引用项目管理器的对象对它们的属性进行更改。

```
test.rbxl ×    for ×
1  local a= Instance.new("Part")
2  local b= Vector3.new(1,1,1)
3  local c= Color3.new(0.5,0.5,0.5)
4  local d
5  e=Instance.new("Part")
6
7  b =b+ Vector3.new(1,1,1)
8  print(a)
9  print(b)
10 print(c)
11 print(d)
12 print(e)

输出
所有消息    所有语境    筛选……
19:38:00.240  已创建自动恢复文件 test.rbxl  -  Studio - C:/Users/20444/Documents/ROBLOX/AutoSaves
19:38:00.942  Part  -  服务器 - for:8
19:38:00.942  2, 2, 2  -  服务器 - for:9
19:38:00.942  0.5, 0.5, 0.5  -  服务器 - for:10
19:38:00.943  nil  -  服务器 - for:11
19:38:00.943  Part  -  服务器 - for:12
```

图4.16　**对象属性输出示例**

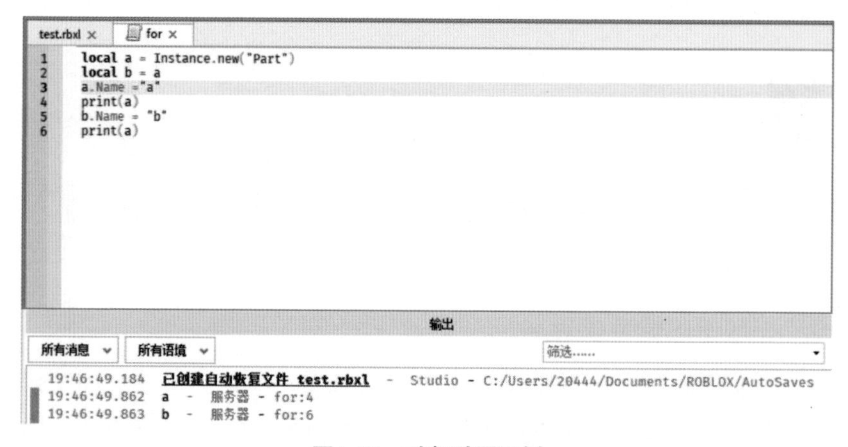

图4.17　**对象引用示例**

4. 表

如图4.18，第一行把a、1、c这三个值放在一个表里，这种只有值的表只能用表名加[数字]来读取表里数据，如第九行，第一个值用数字1寻址，第二个值用数字2寻址。

如果你不想用数字寻址，那就像图中第三行table2的创建方法一样，给值一个名字，用这个名字在表中读取这个值，我们把这个名字叫作键（key），如第十行，用名字来读取这个值的方法有 [表名].[键] 或者[表名][“[键]”]两种。

给表添加值的方法如第七行，[表名][“[键]”] = [值] 或者[表名].[键]=[值]皆可。

表还能封装函数，这会在后面函数的章节讲解。

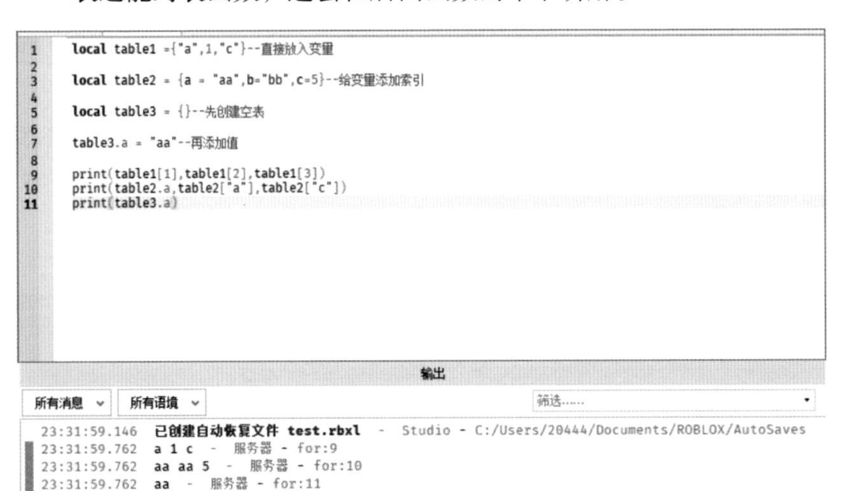

图4.18 **表结构输出示例**

5. 编程思维

看了前面对编程的简单介绍，大家可能觉得有点难，其实编程没有大家想的那么难。和你给一个人发布命令一样，比如你要告诉你室友把笔给你，你就会说“张三你来教室的时候帮我带上笔”。这个命令包含了哪些信息呢?

① 时间。来教室的时候（后面会讲怎么确定命令执行的时间）。

② 主体。室友和笔（在代码里的体现就是前面讲的对象）。

③ 干什么。让室友把笔给我（函数，或者几句代码）。

④ 条件。这句话没有直接体现，但是隐含着条件。例如笔必须在寝室，室友才能给我带这支笔。（即判断对象是否存在或者有其

他条件，也可能没有条件直接执行。）

在编程时你只需要考虑这四点即可。

6. 全局变量

变量的意思就是可以改变的量。简单的变量可以是一个可以改变大小的数字，一个可以改变的字母。

变量名指变量的名字。你要给变量命名，才能通过变量名使用变量。

全局变量就是罗布乐思软件内置的、已经定义好的变量，在每个脚本里都可以直接使用，不需要进行命名和赋值。表4.4列出了常见的全局变量。

表4.4 **常见全局变量**

变量名	意义
Enum	特殊变量
game	游戏的基础，所有游戏都包含在game的框架里
plugin	引用插件
workspace	项目管理器里的Workspace
script	指的是正在编辑的脚本本身

7. 全局函数

函数主要指可以执行一定功能的代码集合。

在罗布乐思脚本里的单词句子就叫代码。如print("Hello world!")就是一句代码，意思是让计算机输出print后括号内的内容。记住，代码的标点符号必须是英语的。

全局函数简单来说就是可以直接使用而不需要其他代码获取的函数，常见全局函数示例如表4.5。

表4.5 **常见全局函数**

代码	意义
wait(3)	等待括号内数字相应的秒数，然后继续执行之后的代码。左边代码的意思是等待3秒
print(“这里是一段文字”)	输出括号内的内容，注意括号里文字信息要用“”包起来。也可以直接在括号里写变量名
version( )	获取现在游戏的版本
warn(“发生错误”)	和print类似，不过字体是黄色的
typeof(object)	获取括号内object的类型

8. 字符串

字符串是一种特殊的变量。字符串我们可以理解成一串字符，字符可以是中文、英文和标点符号。

字符串的应用有很多，不过因为大家都是初学者，在这里我们只讲解字符串的拼接，即把多个字符串合并成一个字符串。

合并方式：[字符串1][空格]..[空格][字符串2]，如图4.19。这样我们就可以将多个字符串连接在一起。

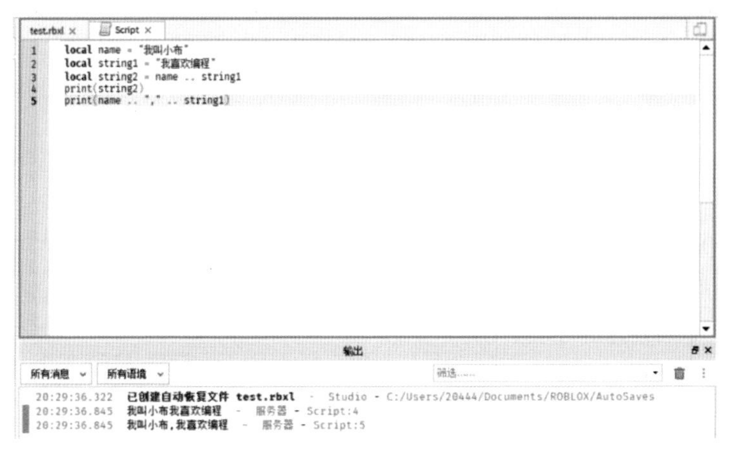

图4.19 **字符串合并示例**

第四节 通过代码改变Part颜色

本节我们设计一个拥有可视化功能的代码，通过代码来改变Part的颜色。

1. 脚本书写思路

首先回顾前面说的四个要点：

① 时间（时机）。

② 主体（对象）。

③ 条件。

④ 干什么。

这四个要点在下文中我们把它称为脚本四要点。

我们先分析要改变Part颜色的四要点是什么。

① 时间。因为现在还没讲时间的代码写法，就定义为游戏开始的时候，因为把时间设定为游戏开始的时候不需要添加任何代码。

② 主体。我们在Workspace添加的Part。

③ 条件。条件就是Part存在。只有Part存在，我们才可能给它改变颜色。也可以理解为没条件，因为我们会在写代码前创建好Part，所以这一步我们也不需要多余的代码。

④ 干什么。修改颜色，就是Part的颜色属性（我们把一个对象包含的对象和变量统称这个对象的属性）。

以改变颜色为例，脚本四要点关系如图4.20所示。

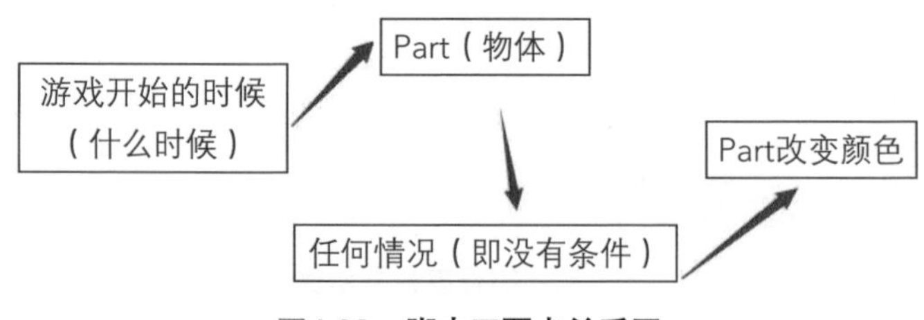

图4.20 **脚本四要点关系图**

2. 开始写代码

首先我们在Workspace里创建一个Part，命名为ColorChange，如图4.21。

图4.21 **创建Part**

然后按第四章第二节的内容在ServerScriptService中创建脚本。

在脚本中输入如图4.22所示的代码。

在讲解这段代码之前先给大家讲一下注释的意思。注释就是不会被电脑翻译执行的代码。定义注释的方式是在行前加两个减号。也就是说图4.22中绿色的代码都是注释。

注释的删除和添加不会对程序有任何影响，那注释存在的意义是什么呢？

注释的目的是增加代码的可读性。因为编程语言只是用来给电脑看的，人看还是会有一点难以理解，注释可以帮助别人理解你的代码。例如在教学中老师会在代码旁写上注释让你更容易理解，或者某段代码你不熟悉就可以写上注释，方便下次查看。

也就是说在图4.22中只有以下代码会被电脑翻译执行：

```
local Part = workspace.ColorChange
local color = Color3.new(0.333333, 1, 0)
Part.Color = color
```

local Part意思是在这句代码后，就可以用Part代替场景中的名为ColorChange的Part了。

Color的定义也一样，就是用color来代表我们自定义的颜色。

这3句代码是写给计算机看的，其他的都是注释。

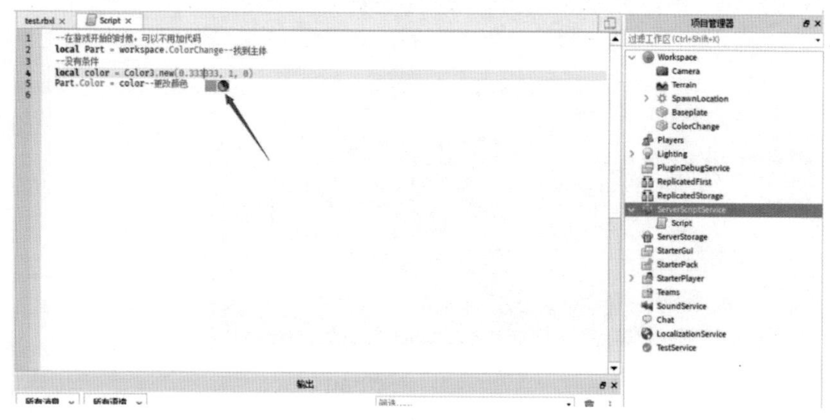

图4.22　**输入代码**

现在我们来解读这三句代码，根据我们的四要点来分析：

① 时间。如果没有代码来表明时间，那就是游戏开始的时候，此代码的执行时间就是游戏开始的时候。

② 对象就是Part。第一句代码local Part = workspace.ColorChange就是用来找到Part对象，ColorChange是Part的名字。local color = Color3.new(0.333333, 1, 0)就是定义颜色对象的，颜色对象就是存了颜色信息的对象，这个对象用若干个变量来表示颜色。

③ 条件。没有条件，所以也没有加代码表示条件。

④ 干什么。改变颜色，Part.Color = color。

点击“开始游戏”就可以看到如图4.23所示的画面，原来灰色的Part变成了你设置的颜色，图中设置的颜色是绿色。

如果你想自定义颜色，可以点击Color3.new( )的左括号和右括号之间的位置，这时就会弹出图4.22红色箭头指的图标，点击图标就会出现图4.24的画面，选择自己喜欢的颜色点击“确定”就可以将Part的颜色改成你选中的颜色。

如果你的Part没有成功改变颜色，请按以下步骤检查：

① 第一句代码的ColorChange要改成你想要更改的Part的名字。

② 检查代码是否与图4.22一致，大小写也要一致。

③ 代码只能用英文的标点符号。

④ Part要创建在Workspace中这段代码才会生效。

⑤ 如果前几个方法没有解决，请严格按要求重新操作。

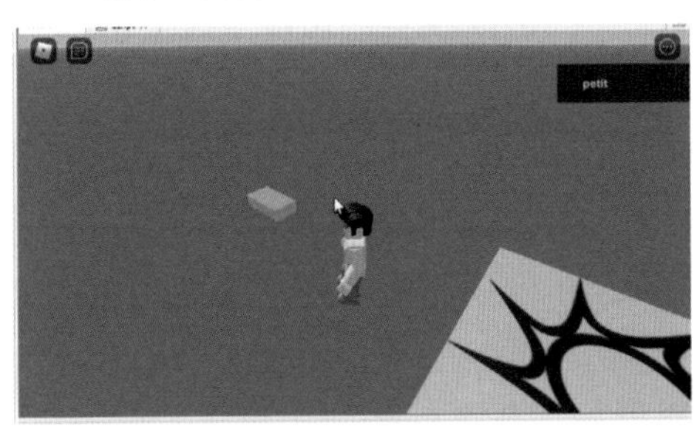

图4.23　**脚本改变颜色效果（一）**

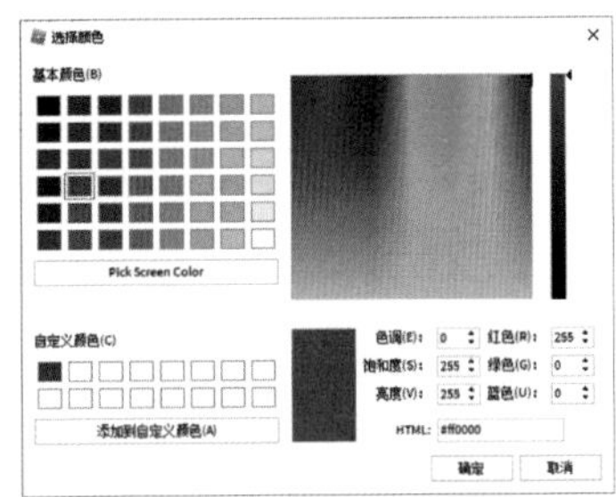

图4.24　**自定义颜色**

通过在ColorChange的Part下直接添加代码实现功能。

```
local Part = script.Parent
local color = Color3.new(0.333333, 1, 0)
Part.Color = color
```

如图4.25，在Part下添加Script并在脚本里输入上方的代码，也可以实现相同效果。

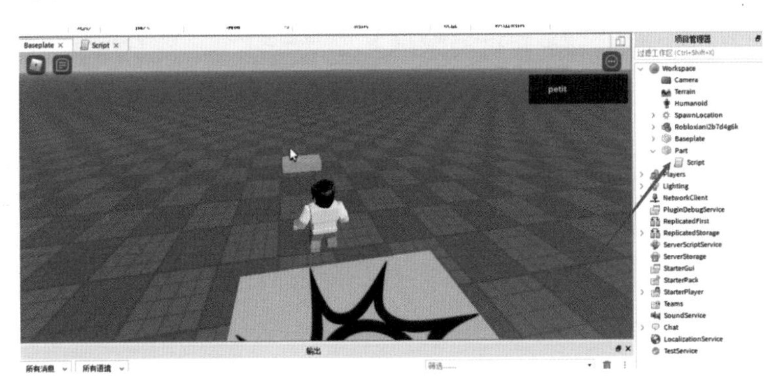

图4.25　**脚本改变颜色效果（二）**

在Part下添加Script与在ServerScriptService下添加Script的区别。

两种方式的区别主要是有效期不同。Script并非被创建就一定被运行，需要添加在合适的对象上，脚本里的代码才会被执行。

一般来说我们把Script添加到ServerScriptService或Workspace下的对象上，这样Script里的代码才会顺利执行。

ServerScriptService是一个专门存放服务器脚本的地方，如果放在ServerScriptService下，只要不执行销毁脚本的程序，脚本就会一直有效。

而放在Workspace的对象下，Script将会随对象的生效而生效。也就是说当Part在脚本可以执行的区域，脚本就会被执行；而Part在无法执行的区域，那么添加在Part下的所有脚本不会运行。

所以一般来说需要一直运行的脚本就会放在ServerScriptService，而主要用于服务某一对象的脚本就添加在该对象上。

例如一般游戏会有一个积分系统，那么我们肯定不希望它随着某个Part消失而消失，所以我们就会把它放在ServerScriptService下。

而对于控制玩家动作的脚本，如果玩家的模型死亡，控制动作的脚本我们肯定也就不需要了，这时候我们就可以把脚本放在玩家模型下，让脚本随着玩家模型的死亡而一起失效。

至于我们今天讲的脚本，因为其内容本身就有时效性，所以放在Part下和放在ServerScriptService下都是可以的。

第五节 代码中的父子关系

我们通过父级可以找到子级，当然也可以通过子集找到父级。代码中的父子关系就是一个爸爸可以有多个儿子，但是一个儿子只有一个爸爸。这一节我们来详细看一看父子关系在开发中的应用。

1. 父子关系

本节案例只用了四要点中的两个，一个是“对象引用”，一个是“干什么”。要明白怎么引用对象，就先要明白罗布乐思的父子关系。

父子关系是写脚本的核心知识点，明白了父子关系能让大家的脚本写得更容易。

父就像一个文件夹，子就像文件夹里的文件。同一个文件只能存在于一个文件夹中，一个物体也只有一个父。一个文件夹里可以有很多文件，所以一个父可以有很多子。文件夹里也可以有文件夹，一个物体既可以有父也可以有子。

例如图4.26中Model是Workspace的子，也是Part的父。Decal是SpawnLocation的子，Texture是Part的子，Part是Model的子。

你可以点击物体左边的箭头来展开或者收起物体的所有子。

你知道图4.26里哪些物体是哪些物体的子，哪些物体又是哪些物体的父吗？

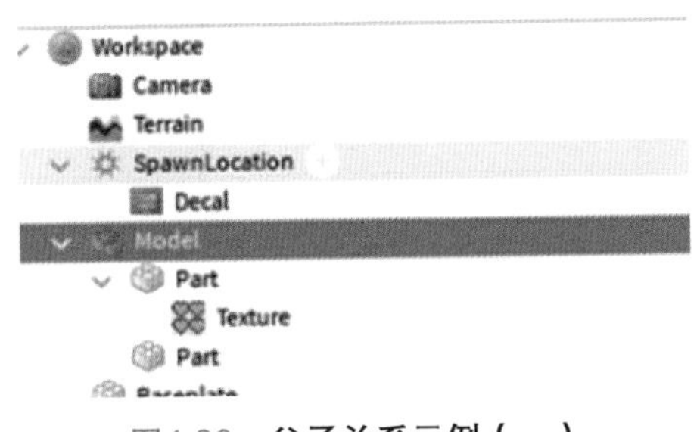

图4.26 父子关系示例（一）

2. 父子关系运用实践

如图4.27，我们想要找到Part1的话，我们就要用Workspace.Model.Part1赋值，而找到Part2需要Workspace.Model.Part1.Part2。这样有些烦琐，需要连续找3个子代才能找到Part2。

那我们怎么简化呢？

如图4.27，如果我们把脚本建在Part1之下，让脚本成为Part1的子，这样我们就可以用另一个全局变量Script找到Part1和Part2。这样三个Part1和Part2的寻找方法都得到了简化。

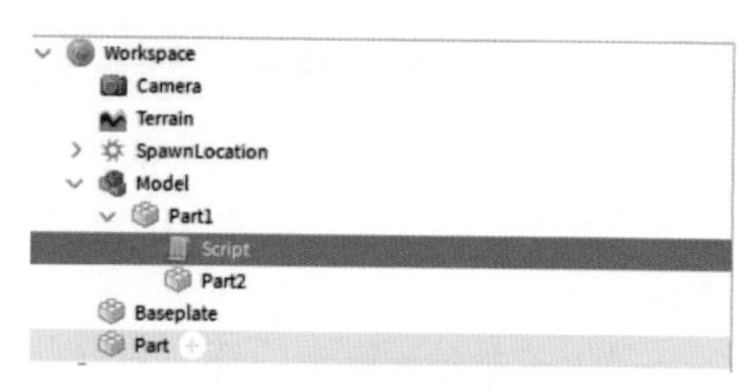

图4.27　**父子关系示例（二）**

利用父子关系修改颜色属性代码如图4.28所示。

明白了父子关系那我们就明白了四要点的主体该怎么寻找了。

```
1  local part = workspace.Part--找到Part
2  local part1 = script.Parent--找到Part1
3  local part2 = script.Parent.Part2--找到Part2
4  part.Color =Color3. new(0,0.666667,1)--改变Part颜色
5  part1.Color = Color3.new(1, 1,0)--改变Part1颜色
6  part2.Color = Color3.new(1, 0.333333,0.498039)--改变Part2颜色
```

图4.28　**利用父子关系修改颜色**

3. 属性修改

属性修改主要对应四要点的“干什么”。对于游戏对象而言，“干什么”就是对对象属性的更改。

比如本例中就是对Part颜色的更改。

属性更改只能用同一种属性来更改对象的属性，比如想要更改Part的颜色，就要用颜色对象更改；想要对Part的位置属性更改，就要用位置对象更改。一定要用对应对象更改对应属性。有些对象可以作四则运算，比如Part的位置属性。但有些对象则不能相加，比如

我们刚才修改的颜色属性。

我们可以通过“=”来修改对象的属性。

输入下面的代码你会发现Workspace下的ColorChange的位置上升了5个单位。记住Part需要锚固，不然Part上升5个单位后马上就会掉落。

```
--在游戏开始的时候，可以不用加代码
local Part = workspace.ColorChange--找到主体
--没有条件
local color = Color3.new(0.333333, 1, 0)
local goalposition = Part.Position + Vector3.
new(0,5,0)
Part.Position = goalposition
```

4. 实例解析

如图4.29，在工具箱里搜索Playground，将图中的模型拖出来。找到模型下的Seats。

图4.29 **跷跷板模型**

由图4.29我们可以看到，Seats是Swing的子对象，而Swing又是Seesaw的子对象，Seesaw又是Playground的子对象。

如果想改变Seats的颜色该怎么做呢？

首先在Playground下添加脚本，如图4.30所示。

输入如图4.31的代码。

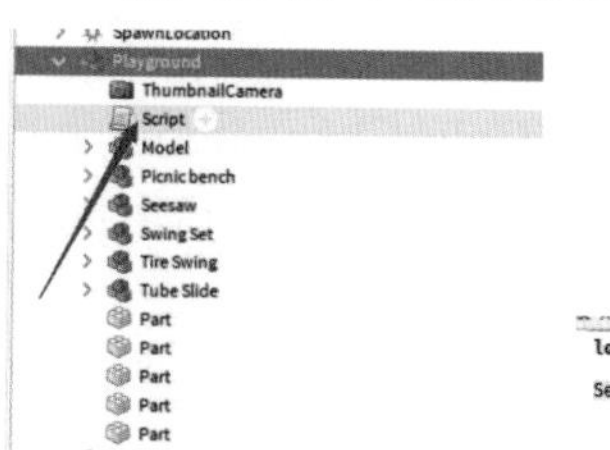

图4.30　添加脚本

图4.31　输入代码

你就可以看到跷跷板的板凳变成了红色，如图4.32所示。

图4.32　板凳变成了红色

第六节　for循环

除了改变物体颜色，我们还可以改变一些Part的其他属性。本节将展示如何通过for循环改变物体透明度。

▶扫码看视频讲解◀

1. for循环基础用法

循环就是会自动重复执行的若干代码。

使用方法：

```
for [变量名]=[数字1],[数字2] ,[数字3] do
    --代码块
end
```

这是for循环最简单的用法。for循环会循环执行在do和end之间的代码。

for循环的执行顺序如下：

总体执行前，让变量等于[数字1]，判断[数字3]的正负。

如果[数字3]为正：

① 如果变量小于或者等于[数字2]则代码块执行，反之循环结束。

② 让变量的值加上一个[数字3]，因为[数字3]为正，所以加上一个[数字3]变量会越来越大。返回上一步判断循环是否继续执行。

如果[数字3]为负：

① 如果变量大于或者等于[数字2]则代码块执行，反之循环结束。

② 让变量的值加上一个[数字3]，因为[数字3]为负，所以加上一个[数字3]变量会越来越小。返回上一步判断循环是否继续执行。

如图4.33，第一个for循环执行了10次，第二个循环执行了5次。

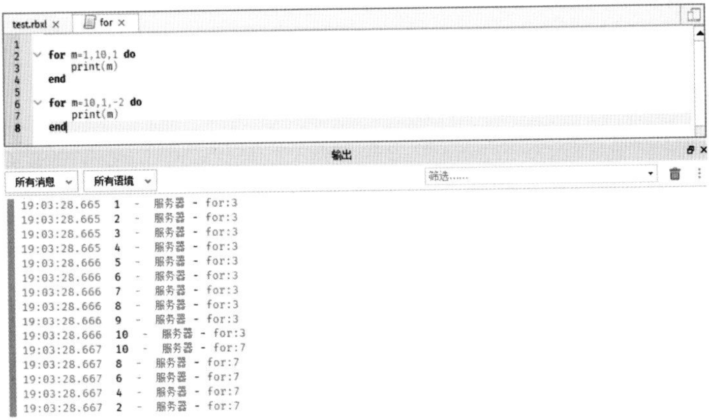

```
1
2  for m=1,10,1 do
3      print(m)
4  end
5
6  for m=10,1,-2 do
7      print(m)
8  end
```

```
19:03:28.665  1  -  服务器 - for:3
19:03:28.665  2  -  服务器 - for:3
19:03:28.665  3  -  服务器 - for:3
19:03:28.665  4  -  服务器 - for:3
19:03:28.666  5  -  服务器 - for:3
19:03:28.666  6  -  服务器 - for:3
19:03:28.666  7  -  服务器 - for:3
19:03:28.666  8  -  服务器 - for:3
19:03:28.666  9  -  服务器 - for:3
19:03:28.666  10  -  服务器 - for:3
19:03:28.667  10  -  服务器 - for:7
19:03:28.667  8  -  服务器 - for:7
19:03:28.667  6  -  服务器 - for:7
19:03:28.667  4  -  服务器 - for:7
19:03:28.667  2  -  服务器 - for:7
```

图4.33 for循环基础用法

2. for循环简化用法

使用方法：

```
for [变量名] = [数字1],[数字2] do
    --代码块
end
```

这个方法是基础用法的简化版，这么写默认[数字3]等于1。例如图4.34循环体执行了10次。

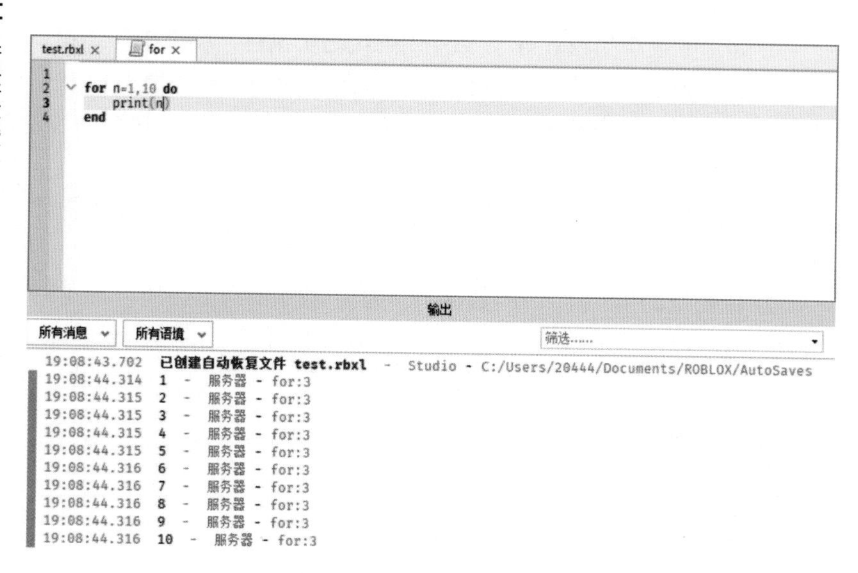

图4.34 for循环简化用法

3. for遍历表

遍历表的意思是用循环访问表里的每一个元素。

使用方法1：

```
for [变量1名],[变量2名] in pairs( )
      --代码
end
```

该方法是用来访问表里所有元素的，即这个表里有多少元素，这个循环的代码就执行多少次，如图4.35（a）的代码和输出效果所示。

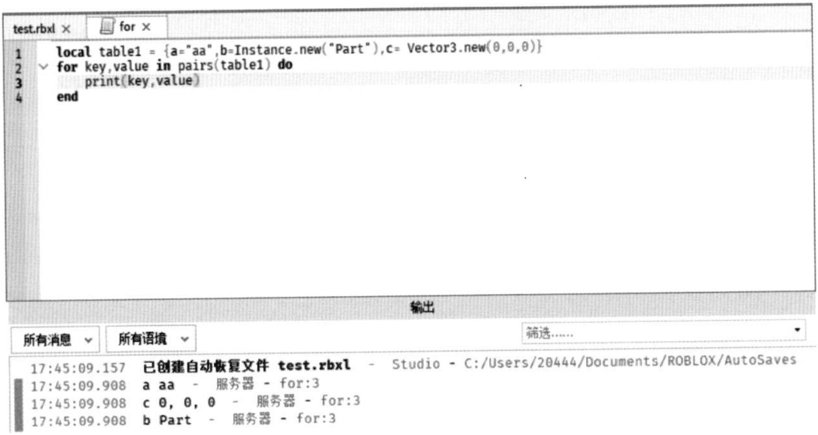

```
test.rbxl ×   for ×
1  local table1 = {a="aa",b=Instance.new("Part"),c= Vector3.new(0,0,0)}
2  for key,value in pairs(table1) do
3      print(key,value)
4  end
```

```
输出
所有消息   所有语境   筛选……
17:45:09.157  已创建自动恢复文件 test.rbxl  -  Studio - C:/Users/20444/Documents/ROBLOX/AutoSaves
17:45:09.908  a aa  -  服务器 - for:3
17:45:09.908  c 0, 0, 0  -  服务器 - for:3
17:45:09.908  b Part  -  服务器 - for:3
```

（a）

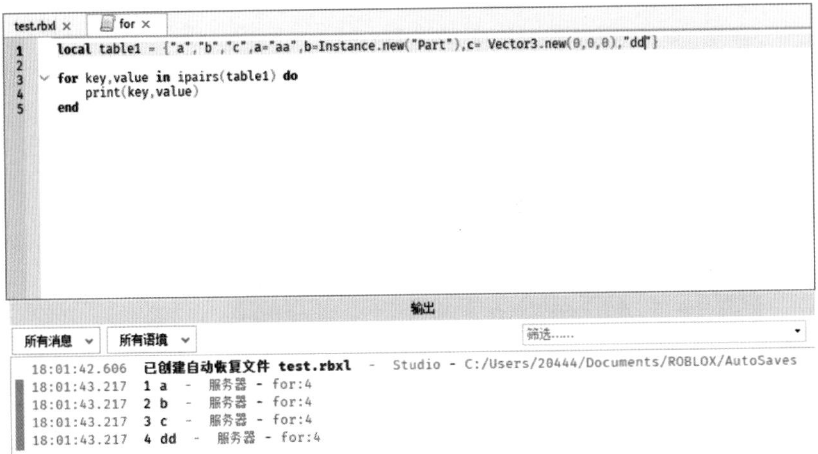

```
test.rbxl ×   for ×
1  local table1 = {"a","b","c",a="aa",b=Instance.new("Part"),c= Vector3.new(0,0,0),"dd"}
2
3  for key,value in ipairs(table1) do
4      print(key,value)
5  end
```

```
输出
所有消息   所有语境   筛选……
18:01:42.606  已创建自动恢复文件 test.rbxl  -  Studio - C:/Users/20444/Documents/ROBLOX/AutoSaves
18:01:43.217  1 a  -  服务器 - for:4
18:01:43.217  2 b  -  服务器 - for:4
18:01:43.217  3 c  -  服务器 - for:4
18:01:43.217  4 dd  -  服务器 - for:4
```

（b）

图4.35 **遍历表示例**

使用方法2：

```
for [变量1名],[变量2名] in ipairs( )
    --代码
end
```

这个方法也是用来遍历表的，适用于表里没有自定义键的值的情况，如图4.35（b），程序仅输出前三个没定义键的值和最后一个没定义键的值。从图中我们还可以看出表默认的键是从1开始依次增大的整数。

4. 实际应用

前面我们讲了怎么改变一个Part的颜色，现在我们就用新学的for循环来改变如图4.36中test里所有的Part的颜色。代码和效果如图4.37所示，我们成功将一个人物模型全部改变了颜色。

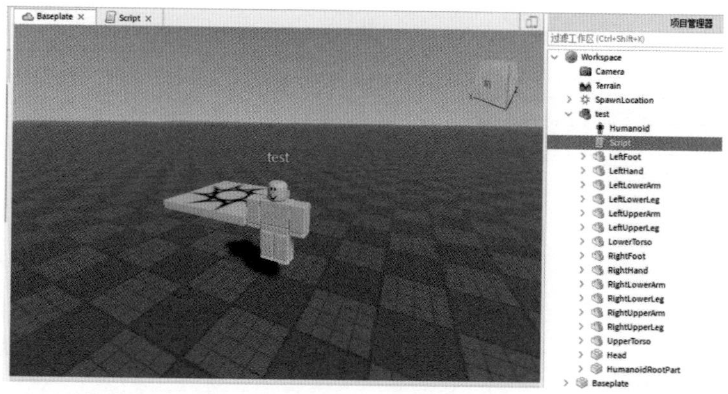

图4.36 **人物模型**

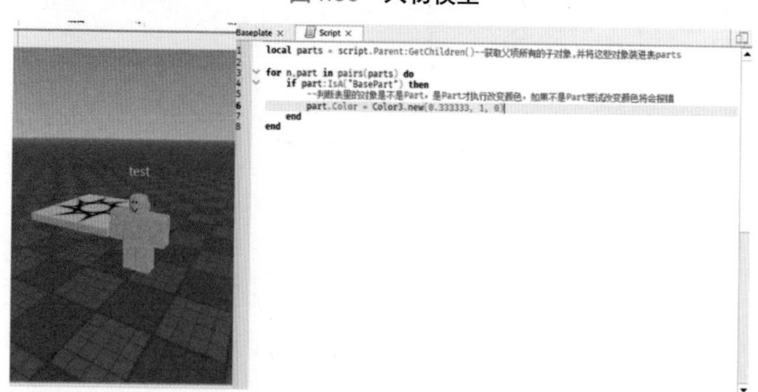


```
local parts = script.Parent:GetChildren()--获取父项所有的子对象,并将这些对象装进表parts

for n,part in pairs(parts) do
    if part:IsA("BasePart") then
        --判断表里的对象是不是Part，是Part才执行改变颜色，如果不是Part尝试改变颜色将会报错
        part.Color = Color3.new(0.333333, 1, 0)
    end
end
```

图4.37 **变色代码和效果**

第七节 while循环、repeat循环与循环终止

为什么学习了for循环，还要了解while循环？因为它们的应用场景不一样，要学会合理地使用循环语句。

1. while循环

while也是一种循环。for循环需要三个参数，而while循环只需要一个参数就可以完成循环操作。

使用方法：

```
while [条件] do
    --代码
end
```

条件处可以放变量或者对象。如果放的变量或者对象存在，while就会执行代码块；如果不存在，即变量为nil，那么循环就会结束。

在这里要讲一个概念，那就是计算机的布尔值。布尔值只有两个量，true和false，true就是对，false就是错。如果条件成立就会返回true，条件不成立就会返回false。

如果while循环处条件成立，while循环的代码就会执行；如果条件不成立，循环就会结束。

如图4.38所示，每次循环都让a加一。当a=3时，a<3不再成立，所以第一个while循环只输出了0，1，2。第二个循环中因为变量a会一直存在，所以程序会不断地输出a的值3，形成一个死循环。

注意

程序中一般不写死循环，无限循环的脚本会大量消耗程序资源。如图 4.38 我们加了一句 wait(1) 的代码，让循环每次执行都间隔 1 秒。如果让脚本无限制使用循环，脚本会大量消耗服务器或者玩家手机的计算资源，会卡死或者报错。

```
test.rbxl ×   for ×
1  local a = 0
2  while a<3 do
3      print(a)
4      a = a+1
5  end
6  while a do
7      print(a)
8      wait(1)--等待一秒
9  end

输出
所有消息   所有语境   筛选……
15:39:02.837  已创建自动恢复文件 test.rbxl  -  Studio - C:/Users/20444/Documents/ROBLOX/AutoSaves
15:39:03.431  0  -  服务器 - for:3
15:39:03.432  1  -  服务器 - for:3
15:39:03.432  2  -  服务器 - for:3
15:39:03.432  3 (x10)  -  服务器 - for:7
```

图4.38　while循环示例

2. 实际应用

for循环更多用于已知循环次数的循环，而while适合不知道循环多少次的情况。例如我们想要把1～10的数字相加，那么用for循环更合适，如图4.39。

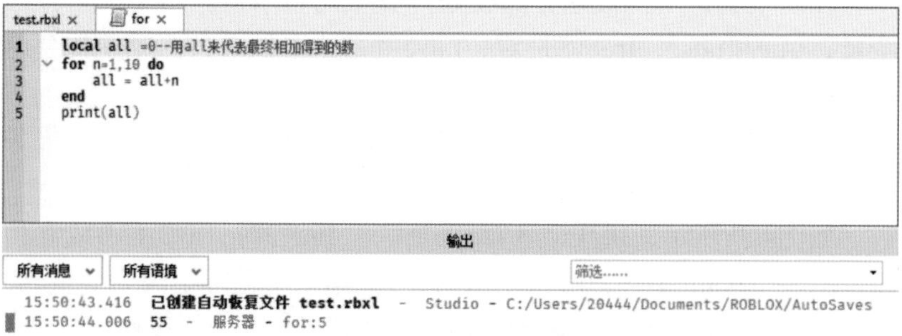

```
test.rbxl ×   for ×
1  local all =0--用all来代表最终相加得到的数
2  for n=1,10 do
3      all = all+n
4  end
5  print(all)

输出
所有消息   所有语境   筛选……
15:50:43.416  已创建自动恢复文件 test.rbxl  -  Studio - C:/Users/20444/Documents/ROBLOX/AutoSaves
15:50:44.006  55  -  服务器 - for:5
```

图4.39　for循环实现累加

但是如果你想知道1 + 2 + 3 + 4 + …加到多少才能超过1000，那就用while循环比较合适，因为在计算前你是不知道需要加多少次的。如图4.40输出了46和1035，说明循环执行了45次，而且从1 + 2 + … + 45=1035。

图4.40　**while循环实现累加**

3. 循环嵌套

循环嵌套指的是一个循环包括另一个循环。比如你想输出九九乘法表，那么你就可以用一个循环代表列，一个循环代表行。如图4.41就是两个循环嵌套的结果。如果有需要还可以多层嵌套。

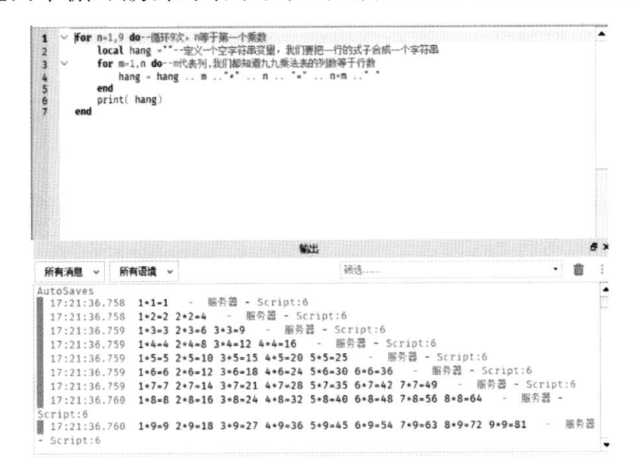

图4.41　**循环嵌套实现乘法表**

4. 中止循环：break和continue

break：跳出循环，不用判断条件，循环直接结束。

例如在表里只有一个负数，我们想知道这个数字是多少。假设这个表里有10个元素，我们为了找到这个负数，就需要遍历这个数组。如果我们在第五次循环就找到了这个数，那么剩余五次循环就是没有必要进行的，所以当我们找到这个数字的时候就要使用break跳出循环了，这样程序占用的资源就少了。这个时候我们还需要使用if语句来判断是否找到了这个负数。事实上break和continue一般也都是和if语句配合使用的。如图4.42程序成功在表中找到了负值，并且结束了循环。

图4.42　**break结束循环**

continue：跳过本次循环中尚未执行的语句，接着进行下一次循环是否执行的条件判定。

例如我们想将表中若干小于5的数字都+1，大于5的数字不管，我们就需要先判断这个数是不是大于5。如果大于5，我们就用continue跳过本次让元素加1的代码部分，但是需要让循环继续执行，因为在表的后面可能有小于5的数字。如图4.43就是程序执行的结果。

```
local numbers = {3,6,4,4,6,3,7,8,2}
for key,value in pairs(numbers) do
    print("现在在判断" .. value)
    if value>=5 then--如果value>=5就用continue跳过本次循环。

        continue
    end
    value= value + 1
    print(value .. "已被加1了")
end
```

```
21:09:33.303  已创建自动恢复文件 test.rbxl  -  Studio - C:/Users/20444/Documents/ROBLOX/AutoSaves
21:09:33.826  现在在判断3  -  服务器 - Script:3
21:09:33.826  4已被加1了  -  服务器 - Script:9
21:09:33.826  现在在判断6  -  服务器 - Script:3
21:09:33.827  现在在判断4  -  服务器 - Script:3
21:09:33.827  5已被加1了  -  服务器 - Script:9
21:09:33.827  现在在判断4  -  服务器 - Script:3
21:09:33.827  5已被加1了  -  服务器 - Script:9
21:09:33.827  现在在判断6  -  服务器 - Script:3
21:09:33.827  现在在判断3  -  服务器 - Script:3
21:09:33.828  4已被加1了  -  服务器 - Script:9
21:09:33.828  现在在判断7  -  服务器 - Script:3
21:09:33.828  现在在判断8  -  服务器 - Script:3
21:09:33.828  现在在判断2  -  服务器 - Script:3
21:09:33.829  3已被加1了  -  服务器 - Script:9
```

图4.43　continue跳过循环

5. repeat...until循环

repeat...until也是一种循环语句。

使用方式：

```
repeat
    --代码
until [条件]
```

repeat...until循环也是重要的循环语句，和while使用方法相似。示例如图4.44。

```
local a=0
repeat
    a=a+1
    print(a)
until a>10
```

```
11:14:40.375  1  -  服务器 - Script:4
11:14:40.376  2  -  服务器 - Script:4
11:14:40.376  3  -  服务器 - Script:4
11:14:40.376  4  -  服务器 - Script:4
11:14:40.376  5  -  服务器 - Script:4
11:14:40.376  6  -  服务器 - Script:4
11:14:40.376  7  -  服务器 - Script:4
11:14:40.376  8  -  服务器 - Script:4
11:14:40.376  9  -  服务器 - Script:4
11:14:40.377  10  -  服务器 - Script:4
11:14:40.377  11  -  服务器 - Script:4
```

图4.44　repeat...until循环示例

6. 罗布乐思实例

在游戏中有些地方是时而安全时而危险的，我们可以用循环创造一个这样的地方。

如图4.45，我们在一个Part下创建一个火焰，然后在Part下创建脚本控制火焰大小和是否对玩家造成伤害。

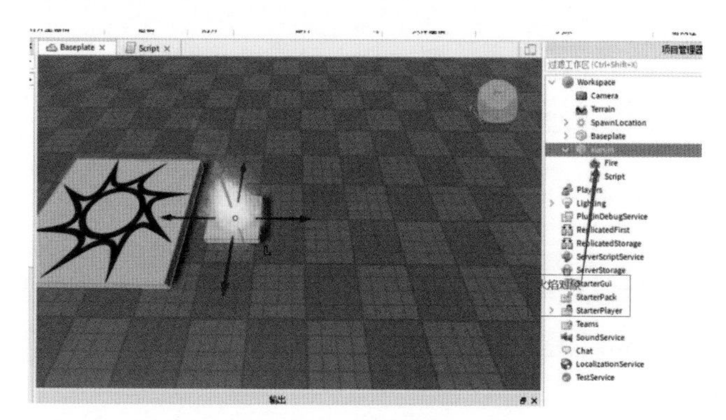

图4.45 **创建火焰**

具体代码如图4.46所示。

其中第5～14行是用来判断火焰是否生效和是否对玩家造成伤害的，具体用法将会在后面的章节讲解。

```
1   local fire = script.Parent.Fire--找到火焰对象
2
3   local part =script.Parent--找到part
4   --因为火焰只有视觉效果没有伤害故需要加这么一段代码
5   part.Touched:Connect(function(otherpart)--火焰正在燃烧时接触part的玩家的模型死亡
6       if fire.Enabled then
7           local humanoid = otherpart.Parent:FindFirstChildWhichIsA("Humanoid")
8
9           if humanoid then
10              humanoid.Health =0
11          end
12      end
13
14  end)
15  --造成伤害的代码结束，本章节只需要知道这段代码的作用，用法会在后面的章节讲解
16
17  while true do
18      wait(5)--等五秒
19      fire.Enabled = false--火焰效果失效
20      wait(5)
21      fire.Enabled = true--火焰效果生效
22  end
23
```

图4.46 **火焰脚本**

效果如图4.47所示，每过5秒就会进行燃烧和熄灭火焰的操作，而在火焰燃烧的时候，玩家的模型去接触Part就会直接死亡；而在看不到火焰的情况下，玩家的模型接触Part就不会受伤。while循环的作用就是让火焰不断地点燃和熄灭。

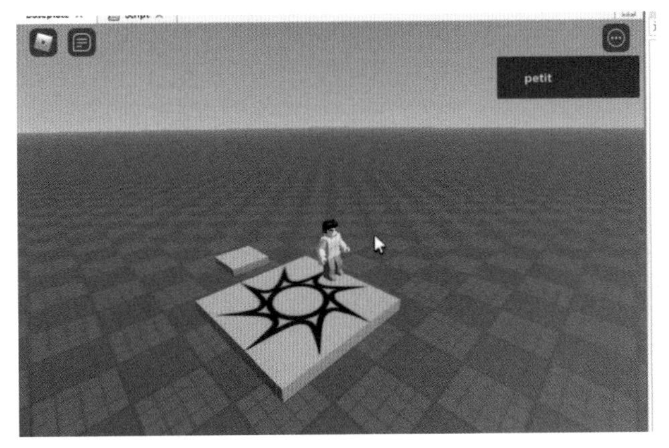

图4.47 **火焰伤害效果**

第八节 if语句应用

1. if语句基础用法

程序一般要对不同的过程做出不同的判断。if语句就是用来判断条件的，当满足特定条件的时候代码块才会执行。

使用模板：

```
if [条件] then
    --代码
end
```

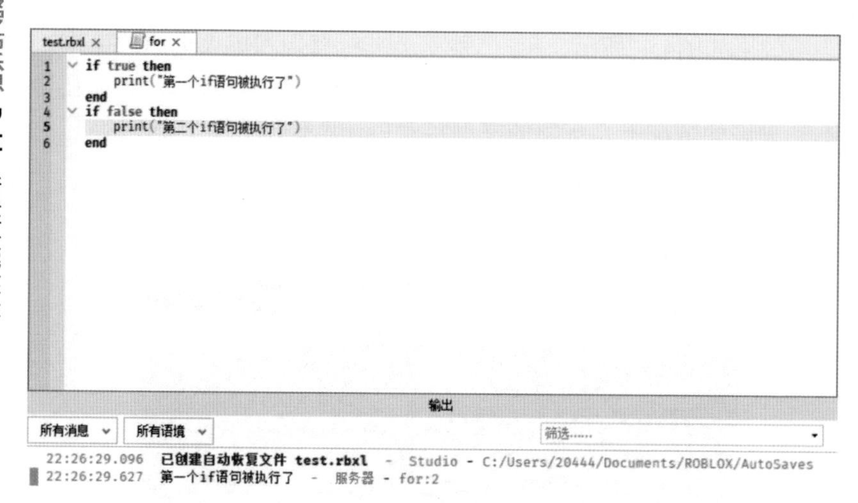

图4.48 **if示例**

如图4.48输出栏，只输出了"第一个if语句被执行了"。因为true是对的意思，而false是错的意思，所以第一个if语段执行了，而第二个if语段内的内容没执行。

2. 条件的编辑方法

if语句的条件和前面说的while语句的条件用法一样，但前面没有具体讲条件怎么写，在本节我们就来讲一下条件的写法。

我们在数学中学了很多运算符号，在编程中也适用，比如＋、–、*、/对应着数学的加、减、乘、除，同时执行的顺序也和数学上的一样，先乘除后加减，也会有运算小括号的内容，如图4.49的脚本，1＋（2–3）*4/5=0.2，在输出栏会看到0.2的输出。>、<和==对应着数学里的大于、小于、等于，注意这里的等于号是“==”，是两个等于符号。一个“=”代表的是赋值，即把“=”后的值赋值给“=”前的值。而“==”意思是判断“==”前后的值是否相等。如图4.50的语句，if语句内的内容被成功执行，输出了“答案是0.2”。“==”和“=”不能交换使用，如果交换使用系统会报错，程序将无法运行。

```
1  local x1 = 1
2  local x2 = 2
3  local x3 = 3
4  local x4 = 4
5  local x5 = 5
6  print(x1+(x2-x3)*x4/x5)
```

输出

所有消息　所有语境　筛选……

23:05:56.128 已创建自动恢复文件 test.rbxl - Studio - C:/Users/20444/Documents/ROBLOX/AutoSaves
23:05:56.655 0.2 - 服务器 - for:6

图4.49 **四则运算示例**

“>”和“<”的用法和“==”类似。显然0.2小于1，所以图4.51的第一个if语句执行了，而第二个语句没有执行。

```
1  local x1 = 1
2  local x2 = 2
3  local x3 = 3
4  local x4 = 4
5  local x5 = 5
6  print(x1+(x2-x3)*x4/x5)
7  local x6 = x1+(x2-x3)*x4/x5
8
9  if x1+(x2-x3)*x4/x5 == x6 then
10     print("答案是0.2")
11 end
12
13
14 --if x1+(x2-x3)*x4/x5= x6 then 在表条件的地方用=是错误的，系统会报错，程序会无法执行
15
16 --end
17 --local x6 == 7在赋值的地方用==也是错误的，系统会报错，程序会无法执行
```

输出

所有消息　所有语境　筛选……

23:20:28.019 0.2 - 服务器 - for:6
23:20:28.019 答案是0.2 - 服务器 - for:10

图4.50 **判断值是否相等**

test.rbxl × for ×

```
1  local x1 = 1
2  local x2 = 2
3  local x3 = 3
4  local x4 = 4
5  local x5 = 5
6  print(x1+(x2-x3)*x4/x5)
7  local x6 = x1+(x2-x3)*x4/x5
8
9  if x1+(x2-x3)*x4/x5 <1 then
10     print("答案小于1")
11 end
12 if x1+(x2-x3)*x4/x5 >1 then
13     print("答案大于1")
14 end
15
16 --if x1+(x2-x3)*x4/x5= x6 then 在表条件的地方用=是错误的，系统会报错，程序会无法执行
17
18 --end
19 --local x6 == 7在赋值的地方用==也是错误的，系统会报错，程序会无法执行
```

输出

所有消息　所有语境　筛选……

23:24:06.252 已创建自动恢复文件 test.rbxl - Studio - C:/Users/20444/Documents/ROBLOX/AutoSaves
23:24:06.791 0.2 - 服务器 - for:6
23:24:06.791 答案小于1 - 服务器 - for:10

图4.51 **判断值的大小关系**

3. 复合条件

有时候程序需要满足多个条件才会执行代码，我们需要用or和and来连接条件，让两个条件整合成一个条件。

使用方法：

```
[条件1] or [条件2]
[条件1] and [条件2]
```

or的意思是只要条件1和条件2中一个条件成立，则会判断整个条件成立。and的意思是条件1和条件2同时成立才会判断整个条件成立。如图4.52，x2>1显然是成立的，x3<1显然是不成立的，因为or只需要条件1和条件2其中一个成立就会判断整个条件成立，所以第一个if语句的代码执行了；而and需要条件1和条件2都成立才会判断整个条件成立，所以第二个if的语句没执行。

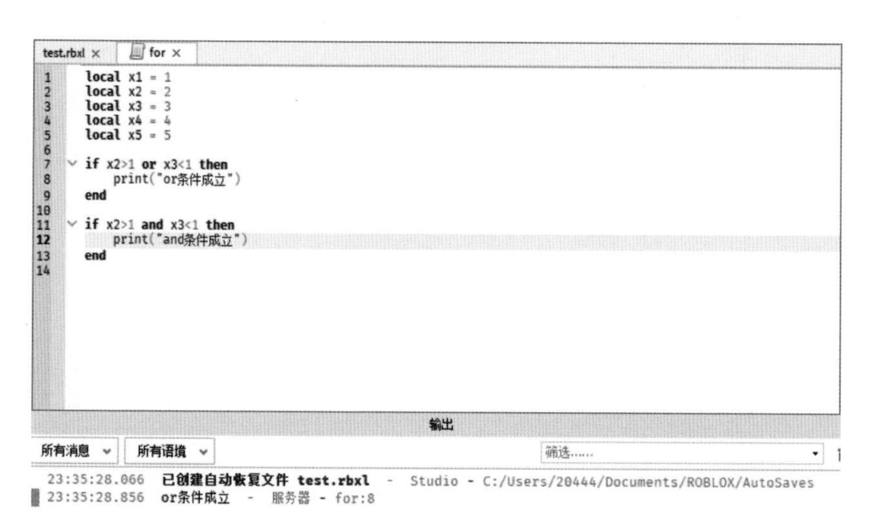

图4.52 **复合条件示例（一）**

or和and可以在条件中不限次使用，但是如果一个条件里既有or又有and，那么程序会先从左到右计算or再计算and，如图4.53。

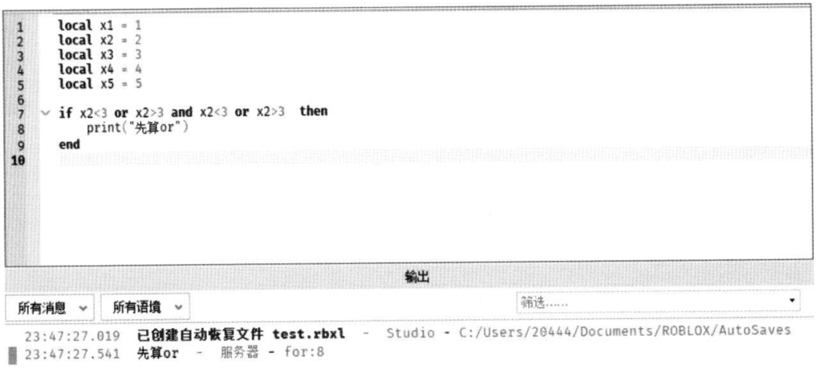

```
1   local x1 = 1
2   local x2 = 2
3   local x3 = 3
4   local x4 = 4
5   local x5 = 5
6
7   if x2<3 or x2>3 and x2<3 or x2>3  then
8       print("先算or")
9   end
10
```

输出

所有消息 所有语境 筛选……

```
23:47:27.019  已创建自动恢复文件 test.rbxl  -  Studio - C:/Users/20444/Documents/ROBLOX/AutoSaves
23:47:27.541  先算or  -  服务器 - for:8
```

图4.53　**复合条件示例（二）**

4. else和elseif

使用方法：

```
if [条件]  then
    --代码块1
elseif [条件]  then
    --代码块2
end
if [条件]  then
    --代码块1
else
    --代码块2
end
if [条件]  then
    --代码块1
elseif [条件]  then
    --代码块2
else
    --代码块3
end
```

elseif的作用是增加选项，系统会判断if和elseif后面的条件，哪个条件成立就会执行对应的代码块，elseif的数量可以无限增加。如果if和elseif后面的条件都不成立，则执行else里的代码块，如图4.54所示。

```
1  local a = 10
2  if a>=5 and a<10 then
3      print("a>=5且a<10")
4  elseif a>=10 and a<20 then
5      print("a>=10且a<20")
6  else
7      print("a<5或者a>20")
8  end
```

```
输出
所有消息  所有语境  筛选……
19:53:04.152  已创建自动恢复文件 test.rbxl  -  Studio - C:/Users/20444/Documents/ROBLOX/AutoSaves
19:53:05.072  a>=10且a<20  -  服务器 - Script:5
```

图4.54 else与elseif示例

5. 条件语句综合应用

上一节循环里我们用循环控制火焰的点燃和熄灭，但是不管火焰大小，伤害都是一样的，这让我们的伤害系统显得不太真实。现在我们就结合循环和条件语句，做一个火焰越大伤害越大的陷阱。

将上一节的脚本改为如图4.55的代码

```
local fire = script.Parent.Fire--找到火焰对象
local part =script.Parent--找到part
local bool = true
--因为火焰只有视觉效果没有伤害故需要加这么一段代码
part.Touched:Connect(function(otherpart)--当part被接触
    if bool  then
        if fire.Enabled then--如果火焰生效了
            --Humanoid组件是存着人物属性的对象
            local humanoid = otherpart.Parent:FindFirstChildWhichIsA("Humanoid")
            --找到Humanoid对象
            if humanoid then--如果找到了
                bool =false
                if fire.Size>8 then --如果火焰的尺寸大于8
                    humanoid.Health =humanoid.Health -50--扣除玩家50点血量
                elseif fire.Size>2 and fire.Size<=8 then--如果火焰的尺寸小于等于8又大于2
                    humanoid.Health =humanoid.Health -30--扣除玩家30点血量
                else--如果火焰尺寸小于等于2
                    humanoid.Health =humanoid.Health -10--扣除玩家10点血量
                end
            end
        end
        wait(0.5)
        bool =true
    end
end)
--造成伤害的代码结束，本章节只需要知道这段代码的作用，用法会在后面的章节讲解
while true do
    for n=1,10 do
        wait(1)
        fire.Size = n --让火焰的尺寸越来越大
    end
    for n=10,1,-1 do
        wait(1)
        fire.Size = n --让火焰的尺寸越来越大
    end
    fire.Enabled =false
    wait(5)
    fire.Enabled =true
end
```

图4.55 火焰伤害代码

即可实现效果，效果如图4.56所示。

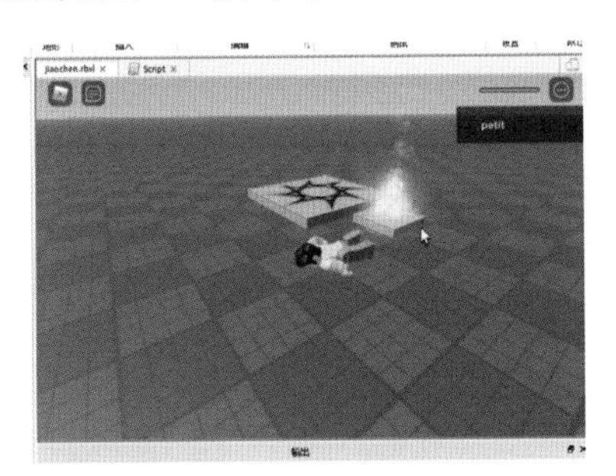

图4.56　**火焰伤害效果**

第九节　通过代码制作闪烁灯光

本节我们将把前面几节的代码知识进行综合运用，制作一个可以闪烁的灯光效果。

1. 创建灯泡

如图4.57，我们创建一个圆形Part，命名为light，然后把Part的Transparency属性改成0.7，让part更像一个透明的玻璃。

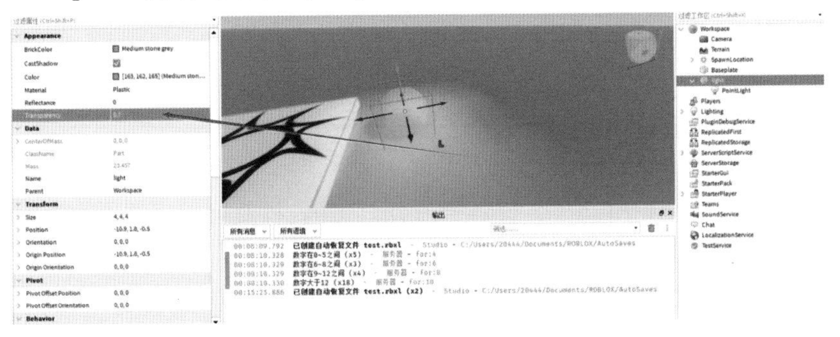

图4.57　**创建灯泡模型**

然后，在light下创建一个PointLight，把PointLight的Brightness属性改成40，让灯泡更亮，然后把Color属性改成你喜欢的颜色，如图4.58。

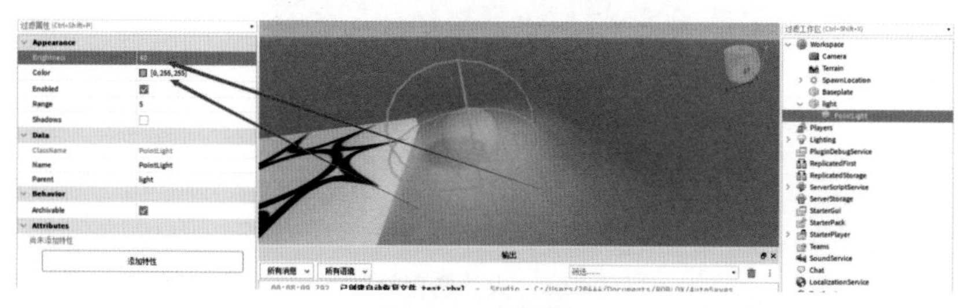

图4.58　**添加光源**

2. 脚本创建

在light下创建一个脚本，如图4.59。

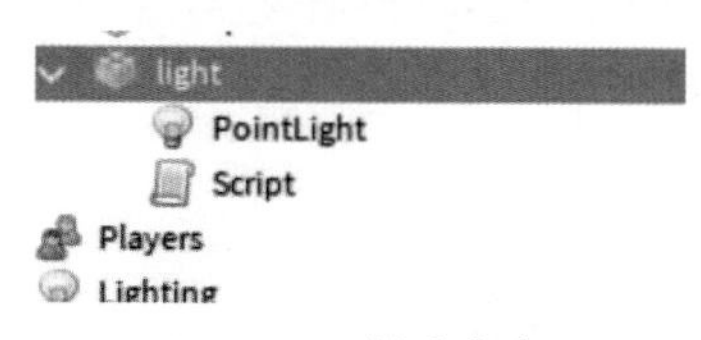

图4.59　**创建脚本**

3. 脚本编辑

在脚本编辑前先介绍一下wait( )函数。wait( )函数是一个全局函数，可以在脚本中直接使用，意思是等待括号内的秒数再执行后面的程序。例如wait(5)就是等5秒的意思。

PointLight的Enabled决定PointLight是否生效，当Enabled==true时灯亮起，Enabled==false时灯熄灭。

打开脚本编辑如图4.60所示。

点击“开始游戏”，你就会看到灯每隔1秒就会熄灭或者点亮。因为灯泡点亮和熄灭是无限次数的。所以这里用了一个while循环，wait(1)的意思是等1秒执行。if语句的意思是，如果灯是亮的，那么将灯熄灭；如果灯熄灭，那么就点亮灯泡。

```
local PointLight= script.Parent.PointLight --找到灯泡
while true do
    wait(1)
    if PointLight.Enabled==true then
        PointLight.Enabled = false
    elseif PointLight.Enabled == false then
        PointLight.Enabled = true
    end
end
```

图4.60 **编辑脚本**

4. 丰富脚本

灯只是熄灭和点亮不够好看，我们还可以让灯不断地变换颜色。和前面的改变Part颜色方法类似，我们只需要更改PointLight的颜色属性。更改图4.60的代码，改成如图4.61的代码。

```
test.rbxl ×   Script ×
1  local PointLight= script.Parent.PointLight --找到灯泡
2  local blue   = Color3.new(0, 1, 1)
3  local red = Color3.new(1, 0, 0)
4  if PointLight.Enabled==false  then --如果灯没亮
5      PointLight.Enabled =true --点亮灯泡
6  end
7  while true do
8      wait(1)
9      if PointLight.Color ==blue then --如果现在灯泡是蓝色
10         PointLight.Color =red --灯泡颜色变成红色
11     else
12         PointLight.Color =blue --如果现在灯泡不是蓝色灯泡的颜色变蓝
13     end
14 end
```

图4.61 **添加变色功能（一）**

如果想让灯泡变换更多颜色怎么办呢？这就要用到我们之前学到的表和for循环了，具体代码如图4.62所示。变色效果如图4.63所示。

```
test.rbxl ×   Script ×
1  local PointLight= script.Parent.PointLight --找到灯泡
2  local Colors = {Color3.new(0, 1, 1),
3      Color3.new(0, 0.333333, 0.498039) ,
4      Color3.new(0.666667, 1, 1) ,
5      Color3.new(0.666667, 0, 1)
6  } --把喜欢的颜色装进表中
7  if PointLight.Enabled==false  then --如果灯没亮
8      PointLight.Enabled =true --点亮灯泡
9  end
10
11 while true do
12     wait(1)
13     for n,newColor in pairs(Colors) do--表里每有一个元素执行一次循环，每次循环把对应值赋予newColor
14         PointLight.Color = newColor --把灯的颜色变成newColor
15         wait(1)
16     end
17 end
```

图4.62 **添加变色功能（二）**

图4.63　**变色效果**

那你知道怎么让灯泡在不停点亮、熄灭的同时变换颜色吗？代码如图4.64所示。

```
local PointLight= script.Parent.PointLight --找到灯泡
local Colors = {Color3.new(0, 1, 1),
    Color3.new(0, 0.333333, 0.498039) ,
    Color3.new(0.666667, 1, 1) ,
    Color3.new(0.666667, 0, 1)
} --把喜欢的颜色装进表中
if PointLight.Enabled==false  then --如果灯没亮
    PointLight.Enabled =true --点亮灯泡
end

while true do
    wait(1)
    for n,newColor in pairs(Colors) do--表里每有一个元素执行一次循环，每次循环把对应值赋予newColor
        PointLight.Enabled = true--点亮灯泡
        PointLight.Color = newColor --把灯的颜色变成newColor
        wait(1)
        PointLight.Enabled =false -- 熄灭灯泡
        wait(1)
    end
end
```

图4.64　**添加变色功能（三）**

第十节　函数

1. 函数定义和调用

为了增加程序的可读性和可修改性，我们会把一个程序划分为若干个程序模块，每一个模块实现一种特定的功能。函数就是一个可以独立完成某个功能的语句块。

定义函数方法：

```
local function [函数名]([形参1],[形参2],[形参3],[形参4],..., [形参n])
--函数体
end
```

函数名遵循变量名命名规则，函数体里就是实现功能的代码。

定义函数处的参数叫形参，调用函数处的参数叫实参。

```
[函数名]([实参1], [实参2], [实参3], [实参4], ...,
[实参n])
```

形参和实参列表的每个参数都要用逗号隔开。在函数被调用时，形参列表会按顺序从实参列表读取参数。

例如，如果我们想要用一个函数来输出“hello world”，如图4.65就是一个简单的无参数函数的定义和调用示例。函数的调用必须在函数定义之后，如果函数调用写在函数定义前面，系统将会报错。

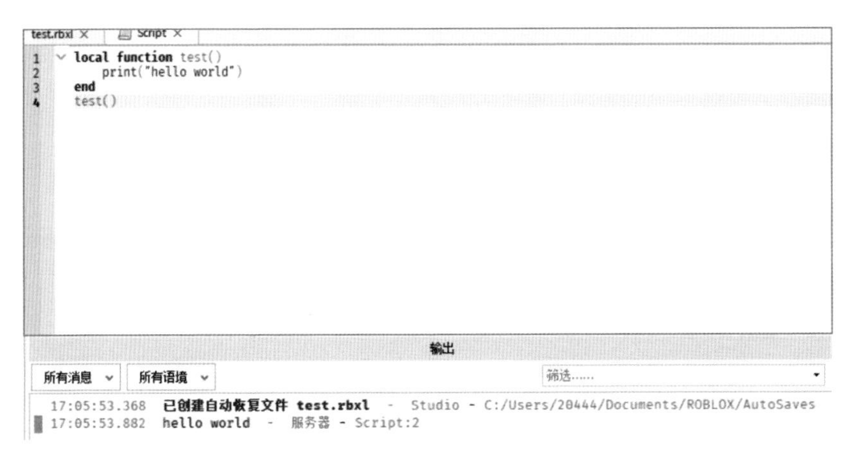

图4.65 无参数函数定义与调用

现在我们来讲一下有参数的情况。因为上一个例子没有参数，所以函数只能执行固定的输出。参数的作用就是让程序可以执行更多的内容，例如我们想让一个函数在调用时输出特定的名字，如图4.66设定参数后，就可以让函数针对参数输出不一样的结果。

test.rbxl × Script ×

```
1  local function test(name)
2      print("hello" .. name)--两个字符串需要用 .. 隔开才能输出[空格]..[空格]
3  end
4  test("乐布乐思玩家1")
5  test("乐布乐思玩家2")
6  test("乐布乐思玩家3")
```

输出

所有消息 所有语境 筛选……

```
17:13:52.183  已创建自动恢复文件 test.rbxl  -  Studio - C:/Users/20444/Documents/ROBLOX/AutoSaves
17:13:52.711  hello乐布乐思玩家1  -  服务器 - Script:2
17:13:52.711  hello乐布乐思玩家2  -  服务器 - Script:2
17:13:52.711  hello乐布乐思玩家3  -  服务器 - Script:2
```

图4.66　**有参数函数定义与调用**

2. 函数具体应用

以前面变换灯泡颜色的脚本为例，我们设计一个函数来实现每变换一种颜色就点亮灯泡一秒，然后熄灭灯泡1秒的功能。将前面的脚本代码修改如图4.67，就能实现效果。

```
1  local PointLight = script.Parent.PointLight
2  local function ChangeColor(newColor)
3      PointLight.Enabled = true
4      PointLight.Color = newColor --将灯泡的颜色改成被传入函数的颜色
5      wait(1)
6      PointLight.Enabled = false
7      wait(1)
8  end
9  local Colors = {
10     Color3.new(0.333333, 1, 0),
11     Color3.new(0.333333, 1, 0.498039),
12     Color3.new(0.666667, 1, 0),
13     Color3.new(0, 0.333333, 1),
14     Color3.new(0.333333, 1, 1)
15 } -- 用表装着自己喜欢的颜色，颜色的数量可以任意，每个元素之间用逗号隔开，记住所有标点符号都要用英语的标点符号
16 while true do
17     wait(1)
18     for n,Color in pairs(Colors) do
19         ChangeColor(Color) --调用函数，并将颜色传进函数
20     end
21 end
```

图4.67　**函数应用示例**

3. 函数返回语句return

函数返回就是函数的运算结果。一个函数可以没有函数返回，就和我们前面的例子一样。当函数执行到return这句代码的时候，函数就会直接结束，return后的代码将不会执行。

使用方法：

```
return [表达式]
```

如图4.68所示，return可以让函数把函数运算结果返回到调用函数的地方，return还可以用来判断一个函数是否正常运行。你可以在调用函数处用一个变量接收返回结果，如果返回正常，说明程序正常执行；如果没返回，可能程序就出错了，然后在调用函数的地方，进行补救，或者重新调用函数。

```
test.rbxl ×    Script ×
1  local function square(x)
2      return x*x
3  end
4  local function square1(x)
5      local y= x*x
6      return y
7  end
8  local y= square(5)
9  local y1 = square(5)
10 print(y,y1)
```

```
输出
所有消息    所有语境    筛选……
21:14:43.456  已创建自动恢复文件 test.rbxl  -  Studio - C:/Users/20444/Documents/ROBLOX/AutoSaves
21:14:44.006  25 25  -  服务器 - Script:10
```

图4.68　**函数返回示例（一）**

如果我们要同时算出一个数的平方和三次方的话，就需要函数同时返回两个数，代码如图4.69所示。

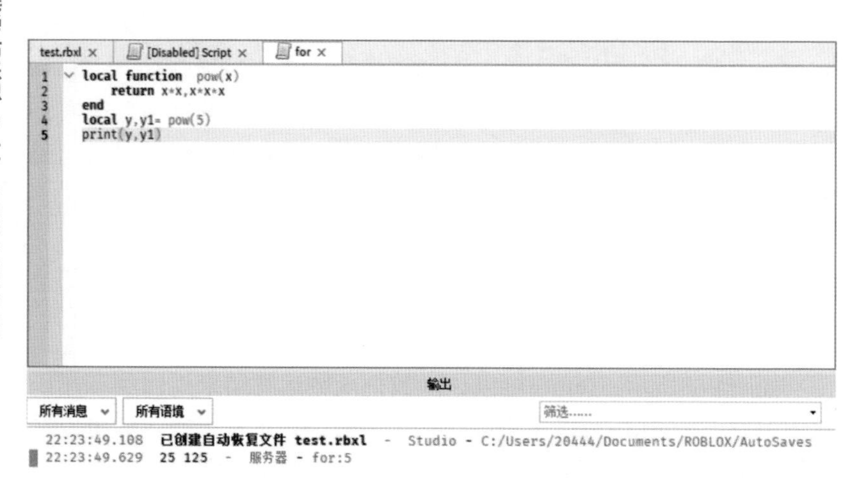

图4.69 **函数返回示例（二）**

4. 对象的方法

对象和类的具体内容在本书没有讲，所以我们可能对对象的方法不太理解。简单来说，就是你可以把函数创建在表中，然后通过表来调用这些函数。

创建方法：

```
function [表名].[函数名]([形参1], [形参2], [形参3], [形参4],..., [形参n])
--代码块
end
```

调用方法：

```
[表名].[函数名]([实参1], [实参2], [实参3], [实参4], ..., [实参n])
```

现在假设我们要用一个表来代表一个人。人的各项属性，如身高、体重就是我们要装进表的变量，而人能完成的功能，即跑步、吃饭、工作，我们把这些当作要放进表的函数，代码如图4.70所示。

```
Baseplate ×    Script ×
1  local person = {height=180}--变量可以在创建表的时候装进表里，也可以创建后再装
2
3  function person.run()--用输出文字的方式代表人物跑步
4      print("主角开始跑步")
5  end
6  function person.eat()
7      print("主角开始吃饭")
8  end
9
10 person.weight = 60
11
12 print("主角的身高是".. person.height .. "CM" )
13 print( "主角的体重是".. person.weight .. "KG")
14 person.run()
15 person.eat()
```

```
输出
所有消息  所有语境  筛选……
17:49:33.360  已创建自动恢复文件 Baseplate - Studio - C:/Users/20444/Documents/ROBLOX/AutoSaves
17:49:33.784  主角的身高是180CM - 服务器 - Script:12
17:49:33.784  主角的体重是60KG - 服务器 - Script:13
17:49:33.784  主角开始跑步 - 服务器 - Script:4
17:49:33.784  主角开始吃饭 - 服务器 - Script:7
```

图4.70　**对象方法示例**

5. 实际应用

我们现在就可以用函数来完成传送功能。首先创建一个Part，放在出生点远处，如图4.71所示。再在Part下添加脚本。脚本如图4.72，就能实现将接触到Part的玩家模型传送回出生点的功能。

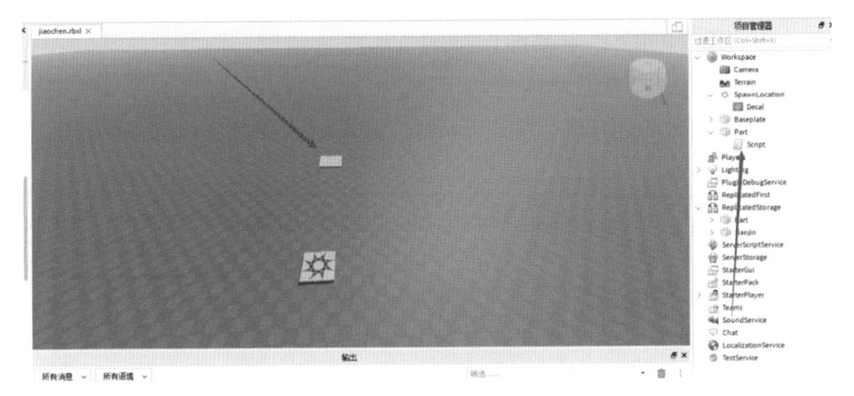

图4.71　**创建传送点**

图4.72 **添加传送脚本**

第十一节 touch事件

生活中的事件是我们在生活中发生的状况，游戏里的事件也是。在游戏中，某件事发生时，你可以调用你的函数。本节touch事件就是当Part被触碰时会触发的事件。

1. 回顾

了解完编程开发基础，我们就要运用我们的编程技能来对游戏里的功能进行更改。

首先我们回顾一下前面用到的全局变量和全局函数。

① game是所有游戏内容的父项。

② workspace游戏空间，所有的3D模型需要放在workspace下才能被看到。

③ script就是正在写的脚本本身。

④ wait(n)等待*n*秒，记住单位是秒，可以有小数。

在本书的后续章节还会陆续讲解其他函数的用法。

编程四步：

① 时间，来教室的时候。

② 主体，室友和笔（在代码里的体现就是前面讲的对象）。

③ 干什么，让室友把笔给我（函数，或者几句代码）。

④ 条件，这句话没有直接体现但是隐含着条件，比如笔必须在寝室室友才能给我带这支笔。（即判断对象是否存在或者其他条件，也可能没有条件直接执行。）

2. touch事件介绍

事件我们可以理解成一个可以重新定义的函数，会在特定时机被调用。

例如我们本节要讲的touch事件，它会在Part被其他Part接触的时候自动调用你重写的函数。

事件的使用方法：

方法一：

```
[对象名].[时间名]: Connect([函数名])
```

方法二：

```
[对象名].[时间名]: Connect(function(参数)
      --代码块
end)
```

现在我们就以touch事件为例来介绍两种事件的使用方法。例如我们想让一个Part被触摸后就改变颜色。

如图4.73，我们创建一个Part，在Part下创建一个Script。记住不要让Part直接接触到其他Part，因为Part一旦被接触就会调用函数。如果Part本身接触其他Part，可能会让函数被频繁调用，降低程序性能。还有记得把Part锚固，不要让Part随意移动。

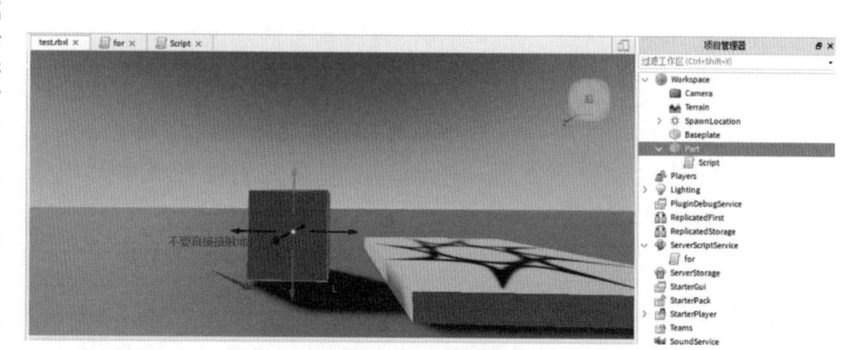

图4.73　**创建部件**

打开脚本，输入如图4.74所示的任意一种代码。

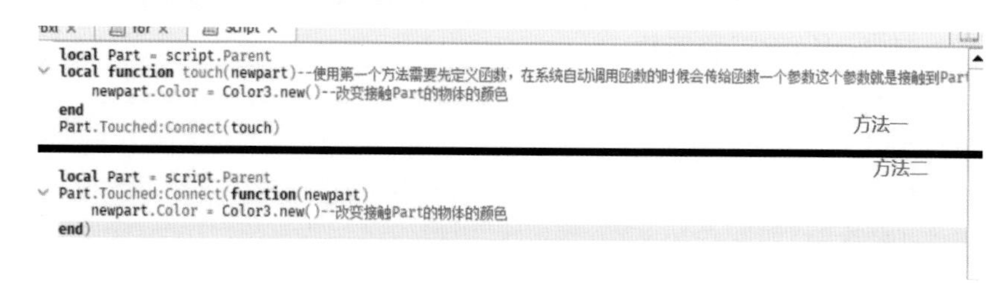

图4.74　**代码的两种写法**

图4.74是事件函数重写的两种方法。选择一种方法写进脚本，点击“开始游戏”，用W、S、A、D键控制玩家去接触目标Part，你就会发现玩家模型接触过Part的部分都变成了你设置的颜色。例如笔者设置的黑色，在玩家接触后就变成如图4.75所示的颜色。

图4.75　**代码效果**

3. 取消连接

很多时候我们希望事件只执行一次，而不持续执行。例如，我们希望一个Part只能改变第一个接触它的物体（basePart）的颜色。Disconnect的意思就是这个事件发生的时候将不会再调用函数，用法如图4.76所示。

```
local connect --将连接定义在函数前面，才能让函数访问这个连接
local Part = script.Parent
local function touch(newPart)
    newPart.Color = Color3.new(0, 0, 0)
    print(1)
    connect:Disconnect()
end
connect= Part.Touched:Connect(touch)
```

```
local Part = script.Parent
local connect
connect = Part.Touched:Connect(function(newpart)
    newpart.Color = Color3.new(0, 0, 0)
    print(1)
    connect:Disconnect()
end)
```

图4.76 **取消连接示例**

4. touch函数的实际应用

我们想要开发游戏，只是改变玩家模型的颜色肯定是不行的。我们要把前面的编程基础运用起来创造更丰富的游戏。

现在我们就用前面学到的知识来制作一款只有一种陷阱的游戏，即玩家接触部件一定时间后部件就会自动消失，如图4.77。

图4.77 **游戏效果图**

① 首先我们在新建游戏的界面点击BasePlate的场景，如图4.78。

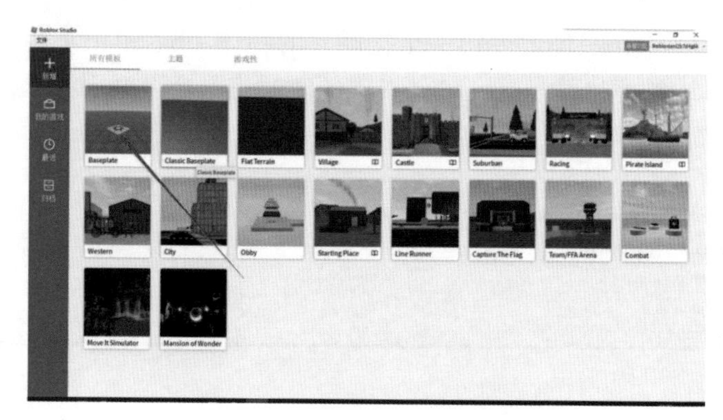

图4.78 点击BasePlate场景

② 进入游戏后删除Workspace下叫Baseplate的Part，让方块成为唯一可以站立的空间。

③ 创建第一个可站立方块，把Size改成能让玩家站立的尺寸。笔者设置的是(10,1,10)，如果想增加玩家难度，还可以适当减小Part尺寸。记得勾选Anchored（锚固）、CanCollide和CanTouch。颜色可以改成自己喜欢的颜色。具体设置如图4.79所示。

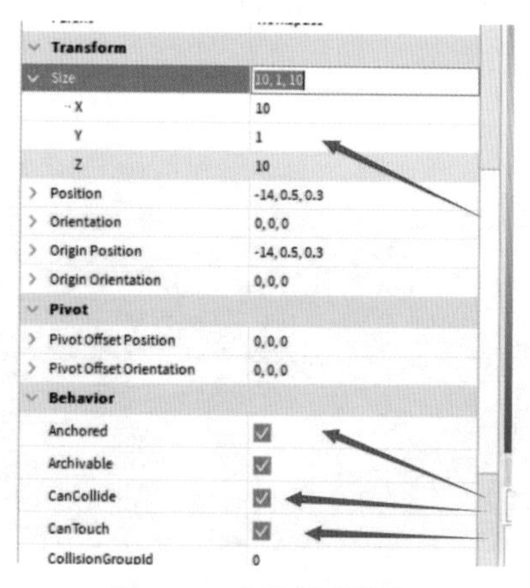

图4.79 方块具体设置

④ 将Part移动到出生点附近，调整间距，保证玩家能成功从出生点跳到Part上即可，如图4.80所示。

图4.80　**调整间距**

⑤ 先不要创建其他Part，先创建脚本。在Part1下创建脚本，如图4.81。

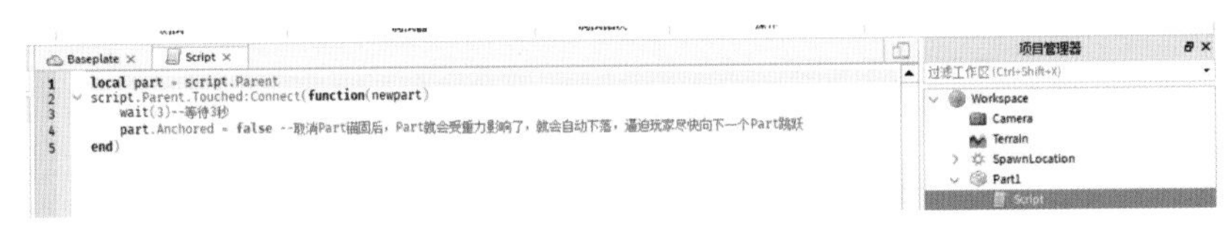

图4.81　**创建脚本**

⑥ 测试效果。点击“开始游戏”，我们发现Part在没有任何提示的情况下就直接下落了，如图4.82，这显然不太合理。我们可以让Part周期性地变红来提示玩家脚下的Part快下落了，代码如图4.83所示。

图4.82　**测试效果**

再次点击“开始游戏”，发现Part闪烁1秒后，物块就会下降。

```
local part = script.Parent
local oldcolor = part.Color--记录Part原来的颜色
local connect
connect=script.Parent.Touched:Connect(function(newpart)
    connect:Disconnect()--为了防止变色代码重复执行此处必须取消事件对函数的连接
    print("s")
    wait(2)
    for n=1,5 do--用循环实现Part颜色的不断变化，以达到让Part闪烁的效果
        part.Color = Color3.new(1, 0, 0)--红色
        wait(0.1)--等待5个0.1秒，等于0.5秒，加上前面等待的2秒等于2.5秒
        part.Color = oldcolor
        wait(0.1)--等待5个0.1秒，等于0.5秒，加上前面等待的2.5秒等于3秒
    end
    --闪烁完成Part下降
    part.Anchored = false --取消Part锚固后，Part就会受重力影响了，就会自动下落，逼迫玩家尽快向下一个Part跳跃
end)
```

图4.83　**用代码添加提示功能**

⑦ 复制Part，选中Part1，按Ctrl + D复制Part1（这样会连同代码一起复制），将新Part命名为Part2，并更改颜色（不是红色就行），然后拖到下一个玩家可以跳到的位置，如图4.84所示。

图4.84　**复制部件**

⑧ 重复第⑦ 步，将Part围成特定形状。

这样一个一次性的简单跑酷游戏就完成了，效果如图4.85所示。

图4.85　**跑酷游戏效果**

第十二节　改变人物的跳跃与奔跑属性

角色模型是Roblox开发的核心部件，我们的游戏几乎都需要角色模型参与来完成，而角色模型又具备一些系统集成的功能函数，可以直接进行调用修改，达到我们想要的效果。

1. 角色模型组成介绍

如图4.86是一个玩家模型的结构。在图片右边项目管理器中我们可以看到玩家模型的构成。

其中Body Colors是控制玩家模型各个身体部位颜色的。Animate是一种脚本，用来控制玩家模型动作协调的。Hat1是一个装饰，有些玩家可能没有。Health是一种脚本，内容是让玩家每秒恢复1%的血量。

每个玩家的模型都会有一个Humanoid、一个Animate脚本、一个Health脚本和若干Part。

Humanoid对象主要是用来模拟人物具备的功能的，主要包括移动功能、跳跃功能、生命值存储。具体用法会在下一节详解。

图4.86　玩家模型

2. 奔跑速度更改

Humanoid有一个属性叫WalkSpeed，用来控制玩家的移速。本节就要通过改变Humanoid的WalkSpeed属性来控制玩家的移动速度。

① 首先如图4.87创建一个Part用来检测碰撞。在Part下添加一个Fire效果，增加这个buff（增益效果）的美观性。改变Part的Transparency属性为1，让Part透明，再把Fire的Color属性改为自己喜欢的颜色。

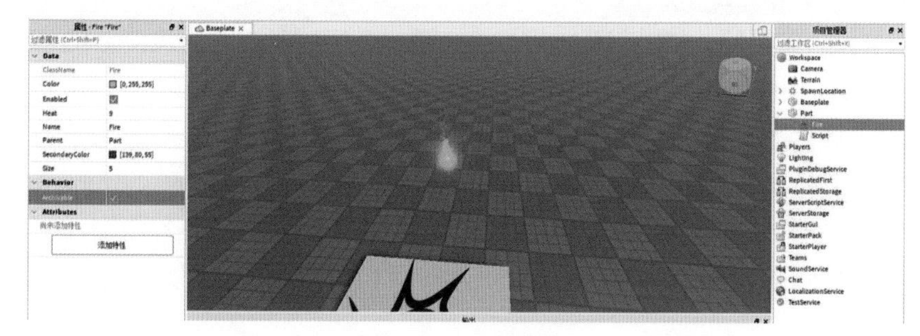

图4.87 **创建部件**

② 在Part下添加脚本。在脚本里编辑如图4.88所示内容。

```
local part = script.Parent
local fire = script.Parent.Fire
local connect
connect=part.Touched:Connect(function(otherpart)
    local humanoid = otherpart.parent:FindFirstChildWhichIsA("Humanoid")

    if humanoid then
        connect:Disconnect()--part被碰撞不再触发函数
        fire.Enabled = false--关闭火焰效果，形成吃buff的视觉效果
        humanoid.WalkSpeed = humanoid.WalkSpeed +15--将移动速度+15
        wait(3)
        humanoid.WalkSpeed = humanoid.WalkSpeed-15
    end
end)
```

图4.88 **编辑脚本**

③ 脚本测试，当你触碰蓝色火焰时，就能获得移速加成，如图4.89。

图4.89 **测试脚本**

3. 跳跃高度更改

更改跳跃高度方法和更改移速方法类似。

① 按照相同的方法创建一个隐形Part和一个红色火焰，如图4.90所示。

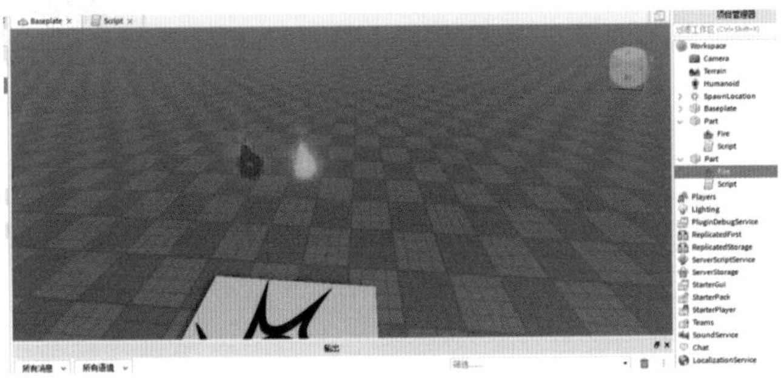

图4.90 **创建隐形部件与火焰**

② 在脚本里编辑如图4.91所示的内容。

```
local part = script.Parent
local fire = script.Parent.Fire
local connect
connect=part.Touched:Connect(function(otherpart)
    local humanoid = otherpart.parent:FindFirstChildWhichIsA("Humanoid")

    if humanoid then
        connect:Disconnect()--part被碰撞不再触发函数
        fire.Enabled = false--关闭火焰效果，形成吃buff的视觉效果
        humanoid.JumpPower =humanoid.JumpPower*2--将跳跃力量加大两倍
        humanoid.JumpHeight = humanoid.JumpHeight*2--将跳跃高度加大两倍
        wait(5)
        humanoid.JumpHeight = humanoid.JumpHeight/2
        humanoid.JumpPower = humanoid.JumpHeight/2
    end
end)
```

图4.91 **编辑红色火焰脚本**

③ 点击“开始游戏”，如果你碰到了蓝色火焰，移速就会变大；而你碰到红色火焰后，你的跳跃高度变高。效果如图4.92所示。

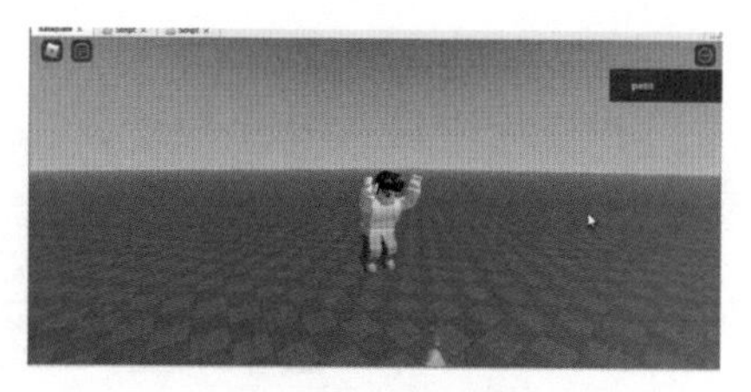

图4.92 脚本效果

第十三节 通过Humanoid对象认识API

本节通过Humanoid对象的各种属性、函数、事件举例来认识如何正确使用API。

1. API是什么

API（Application Programming Interface，应用程序编程接口）是一些预先定义的函数，目的是提供给应用程序与开发人员基于某软件或硬件得以访问一组例程的能力，而又无需访问源码或理解内部工作机制的细节。

简单来说API就是已经写好了的函数、参数、事件，我们可以直接调用而不用了解具体代码内容。如前面的touch事件，我们不用理会系统是怎么检测碰撞的，我们只需要会使用就行了。

2. Humanoid对象简介

游戏里的对象一般都会有很多自带的属性、函数、事件。

前一节讲到的touch就属于BasePart（Part，MeshPart，Union）的事件可以连接自定义的函数。

例如前面讲到的颜色属于BasePart（Part，MeshPart，Union）的属性，有的属性可以更改，如颜色、位置等；有的属性不能更改，如我们在属性栏能看到ClassName，这一栏是只能读取，不能修改。

对象的函数前面没有涉及，和表的函数运用类似。

```
[对象名]:[函数名]([形参列表])
```

注意

表也可以用“:”定义函数和调用函数，如图 4.93，但为了避免大家混淆“:”和“.”，所以只讲了一种方式。如果想深度学习，大家可以自行查阅 LUA 的教程。

```lua
local test = {}
test.aa = 10
function test:prin(a,b,c)
    print(self.aa)
    print(a,b,c)
end
test:prin(2,2)
```

输出

所有消息 所有语境 筛选……

```
00:59:16.306  已创建自动恢复文件 Baseplate  -  Studio - C:/Users/20444/Documents/ROBLOX/AutoSaves
00:59:16.809  10  -  服务器 - Script:4
00:59:16.809  2 2 nil  -  服务器 - Script:5
```

图4.93　表定义函数与调用函数方法

目前游戏引擎里的对象的函数调用方法只能用“:”。

具体对象的函数调用方法将会以本节要讲的Humanoid为例进行介绍。

Humanoid对象可以给模型提供角色的功能，如血条显示、名字显示、血量属性、跳跃属性、行走速度属性、角色状态变化、动作播放等功能。

每个玩家的模型下都有一个Humanoid对象，如图4.94。除了Humanoid默认的玩

图4.94　Humanoid对象

家模型还有组成人形的Part，控制人物跑步、游泳、攀爬的动作的脚本和一些人物配饰。

3. Instance对象的FindFirstChildWhichIsA([种类名])、FindFirstChild([对象名])函数

游戏中所有的对象都可以叫Instance（实例）。所以不管是Part还是Model还是其他什么对象都继承了Instance的所有属性类型和函数。

继承类具有被继承类的所有公共函数和属性。

FindFisrtChildWhichIsA([种类名])、FindFisrtChild([对象名])是Instance比较常用的两个函数，是游戏中几乎所有对象都可以使用的函数。

FindFisrtChildWhichIsA([种类名])是用来在对象的子项中寻找指定种类的第一个对象的，不论对象的名字如何。

如图4.95中场景的Workspace里有五个对象，显然只有Baseplate和health属于Part。所以如果我们使用FindFirstChildWhichIsA("Part")，就会忽略其他类型的对象（Camera、Terrain、SpawnLocation），直接找到第一个Part，即名为Baseplate的Part。如果对象的子项里没有需要的种类则函数会返回nil。如图4.95，Workspace的子项里没有PointLight这种类型的对象，所以当执行输出PointLight的时候，在输出栏里输出了nil。

怎么才能知道一个对象的种类名呢?

你只需要点击这个对象，然后在属性栏找到ClassName，即可知道一个对象的种类名。

FindFirstChildWhichIsA([种类名])是通过种类名来找到第一个目标种类的对象，而FindFirstChild([对象名])是通过对象的Name属性找对象的。如图4.95红色箭头指的属性。

这两个函数都是通过对象的属性寻找对象的，都是返回一个满足要求的对象，如果没有满足要求的对象就会返回nil。

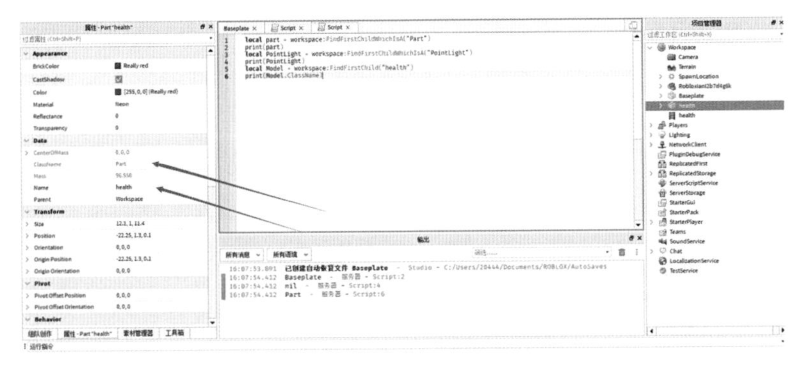

图4.95 instance对象函数示例

4. 实例演示

Health是Humanoid的生命属性，类型是数字。这个属性的值如果等于0就代表角色死亡。Health的值不能超过Humanoid的MaxHealth属性，所有Humanoid的MaxHealth默认是100。

现在我们尝试用FindFisrtChildWhichIsA([种类名]) 函数找到玩家模型下的Humanoid，然后通过修改Humanoid的Health对玩家造成伤害。由图4.94的人物模型构成可知人物模型下只有一个Humanoid种类的对象。

注意

默认情况下玩家的模型里有一个自动恢复血量的脚本，每秒给玩家恢复1%的血量。

首先新建一个场景，在Workspace下创建一个Part，命名为health，作为陷阱，锚固它，使Part悬空，不要让Part接触地面即可。然后把Part改成红色，Material属性改成Neon。用这种颜色和材料警告玩家这个Part有危险，如图4.96。

在Part下创建Script脚本，打开脚本编辑如图4.97所示。点击“开始游戏”，当你操作角色接触陷阱后，玩家马上就会受到伤害。

测试后发现，我们设置造成伤害的值是50，一个玩家明明有100的血量，怎么会一触即死呢？原因很简单，touch事件触发的频率是很快的。也就是说，你以为你只接触了陷阱1秒，但是实际上touch被触发了很多次，所以我们要对脚本进行优化，让每次扣血间隔长一点。把health下的代码修改成如图4.98所示的代码。你会发现只要接触陷阱的时间没有超过1秒，那人物只会掉50点血，不会直接死亡了。

这个时候，也许你感觉只需要调整伤害间隔和伤害数值就好，但其实这种写法还存在一个bug（错误），这个bug只有多人游戏中才会体现出来。设想：如果玩家A在时刻0的时候触碰到了Part，那

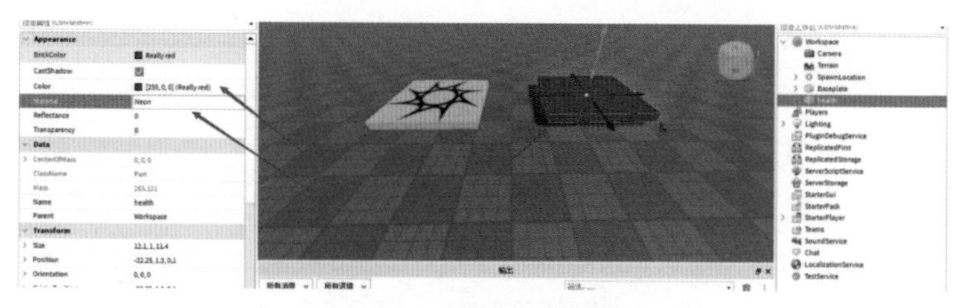

图4.96　**创建陷阱模型**

```
Baseplate ×   Script ×
1   local Part = script.Parent
2   local harm = 50--设定陷阱能造成的伤害
3
4   Part.Touched:Connect(function(newPart)
5       local Humanoid = newPart.Parent:FindFirstChildWhichIsA("Humanoid")--找到Humanoid
6       --因为有可能碰到陷阱Part的不是玩家的模型，所以Humanoid有可能为nil
7       if Humanoid then--如果Humanoid存在才能扣血
8           Humanoid.Health = Humanoid.Health-harm--将玩家的Humanoid的Health属性减10完成扣血操作
9       end
10  end)
```

图4.97　**编辑脚本**

```
Baseplate ×   Script ×
1   local Part = script.Parent
2   local harm = 50--设定陷阱能造成的伤害
3   local harmAble =true --用一个变量控制陷阱能否造成伤害
4
5   Part.Touched:Connect(function(newPart)
6       if harmAble then--当harmAble为true让陷阱能造成伤害，harmAble为false时不造成伤害
7           local Humanoid = newPart.Parent:FindFirstChildWhichIsA("Humanoid")--找到Humanoid
8
9           --因为有可能碰到陷阱Part的不是玩家的模型，所以Humanoid有可能为nil
10          if Humanoid then--如果Humanoid存在才能扣血
11              Humanoid.Health = Humanoid.Health-harm--将玩家的Humanoid的Health属性减10完成扣血操作
12              harmAble = false--对玩家造成伤害后马上关闭陷阱
13              wait(1)--等待一秒后将harmAble赋值true，让陷阱一秒后再回复对玩家造成伤害的功能
14              harmAble = true
15          end
16      end
17
18  end)
```

图4.98　**修改脚本**

么陷阱在时刻0到时刻1之间就会失效，此时玩家B触碰陷阱那它就不会受到伤害。

为了解决这个bug，我们还需要更改脚本，具体如图4.99所示。

可以按照注释理解脚本。

```
local Part = script.Parent
local harm = 50--设定陷阱能造成的伤害
local humanoids ={}--用一个表装下所有在一秒内已经受过伤害的玩家

Part.Touched:Connect(function(newPart)

        local Humanoid = newPart.Parent:FindFirstChildWhichIsA("Humanoid")--找到Humanoid
    --因为有可能碰到陷阱Part的不是玩家的模型，所以Humanoid有可能为nil

    if Humanoid then--如果Humanoid存在才能扣血
        for n,oldhumanoid in pairs(humanoids) do
            if oldhumanoid==Humanoid then
                return --前面我们说了return是用来返回变量的，也可以不用来返回变量，用来提前结束函数。
                    --意思是说如果这个表里已经有了这个Humanoid那就不执行后面的扣血代码了
            end
        end
        Humanoid.Health = Humanoid.Health-harm--将玩家的Humanoid的Health属性减10完成扣血操作
        table.insert(humanoids,Humanoid)--table.insert([表名],[对象名])意思是把对象装进表里，成为表的最后一个元素
        wait(10)
        table.remove(humanoids,1)--table.remove([表名],[数字索引]) 意思是移除表里的第一个元素
        --因为不管怎么运行，一秒后本次的Humanoid都将会是第一个元素
    end
end)
```

图4.99　**更新脚本解决bug**

5. API使用总结

属性类：如果是数字就可以直接用数学计算（加减乘除）来更改数据，比如本例的health属性；如果是其他数据类型，比如颜色，一般就只能通过“=”来重新赋值。

函数类：用“[对象]:函数名(参数列表)”来调用。

事件类：具体操作需要自己重写函数。用法为“[对象].事件名:Connect(函数名或者新建函数)”，比如我们前面讲的touch事件。

第十四节　跑酷游戏制作

本节我们将运用前面几章学习到的知识来制作一个拥有各种场景的跑酷游戏，检验一下自己的开发技术水平。

1. 跑道设计

① 创建一个空场景，删掉除了出生点外的Part，如图4.100所示。

图4.100　**创建场景**

② 创建若干Part形成跑道，如图4.101所示。可以用不同形状的Part组成跑道。将这些Part放入一个Model里。记得锚固Part。

图4.101　**创建跑道**

2. 陷阱设计

① 创建一个Part，添加火焰特效和脚本。将Part设置为隐形，让玩家只能看到火焰。将火焰设置为红色，代表有危险。记得将Part的尺寸调为和火焰一样大。将Part更名为fire1方便后面辨认。记得锚固Part。火焰效果如图4.102所示。

图4.102　**添加火焰**

② 在脚本里添加如图4.103的脚本。

```
local part = script.Parent
local bool = true
part.Touched:Connect(function(otherpart)
    if bool then
        local humanoid = otherpart.Parent:FindFirstChildWhichIsA("Humanoid")
        if humanoid then
            bool = false
            humanoid.Health = humanoid.Health-50
            wait(0.5)
            bool = true
        end

    end

end)
```

图4.103　**给火焰添加脚本**

③ 将做好的火焰陷阱复制多个摆在跑道上，如图4.104所示。

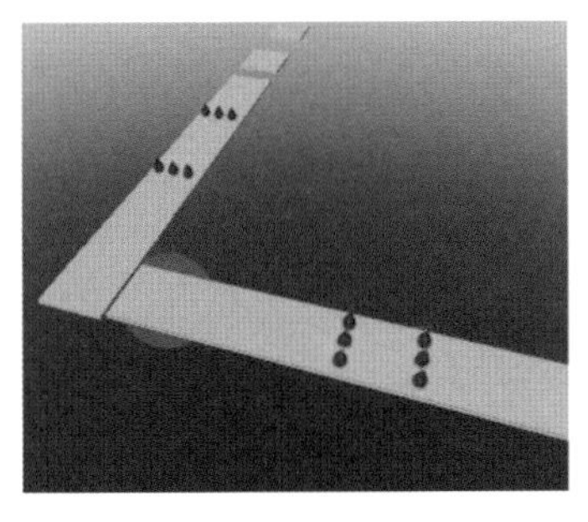

图4.104　**放置火焰陷阱**

④ 为图4.105的块状Part添加上如图4.106的陷阱脚本。

图4.105　**陷阱块**

```
local part = script.Parent
local oldcolor = part.Color--记录Part原来的颜色
local connect
connect=script.Parent.Touched:Connect(function(newpart)
    connect:Disconnect()--为了防止变色代码重复执行此处必须取消事件对函数的连接
    print("s")
    wait(2)
    for n=1,5 do--用循环实现Part颜色的不断变化，以达到让Part闪烁的效果
        part.Color = Color3.new(1, 0, 0)--红色
        wait(0.1)--等待5个0.1秒，等于0.5秒，加上前面等待的2秒等于2.5秒
        part.Color = oldcolor
        wait(0.1)--等待5个0.1秒，等于0.5秒，加上前面等待的2.5秒等于3秒
    end
    --闪烁完成Part下降
    part.Anchored = false --取消Part锚固后，Part就会受重力影响了，就会自动下落，逼迫玩家尽快向下一个Part跳跃
end)
```

图4.106　**陷阱脚本**

3. buff设计

有了减益效果，我们还需要添加增益效果。按照前面的方法制造一个绿色的火焰效果，如图4.107所示。添加图4.108的脚本，或者前面讲的其他buff。

图4.107　**绿色火焰**

```
local part = script.Parent
local fire = script.Parent.Fire
local connect
connect=part.Touched:Connect(function(otherpart)
    local humanoid = otherpart.parent:FindFirstChildWhichIsA("Humanoid")

    if humanoid then
        connect:Disconnect()--part被碰撞不再触发函数
        fire.Enabled = false--关闭火焰效果，形成吃buff的视觉效果
        humanoid.JumpPower =humanoid.JumpPower*2--将跳跃力量加大两倍
        humanoid.JumpHeight = humanoid.JumpHeight*2--将跳跃高度加大两倍
        wait(5)
        humanoid.JumpHeight = humanoid.JumpHeight/2
        humanoid.JumpPower = humanoid.JumpHeight/2
    end
end)
```

图4.108　**给绿色火焰添加脚本**

4. 终点传送

到了终点，我们希望玩家继续游戏，所以我们可以在终点写一个传送脚本，让玩家不断地重复跑酷。

在图4.101的箭头指的终点的Part下添加脚本，写下如图4.109的代码，让玩家到了终点就马上被传送回起点。

```
local spa = workspace.SpawnLocation
script.Parent.Touched:Connect(function(otherpart)
    local humanoid = otherpart.Parent:FindFirstChildWhichIsA("Humanoid")
    if humanoid then
        otherpart.Parent:SetPrimaryPartCFrame(spa.CFrame)
    end

end)
```

图4.109　**传送代码**

5. 场景美化

在工具箱里选择一些喜欢的物品装饰一下场景，让场景更好看。这些模型可以根据自己的喜好寻找。美化效果如图4.110所示。

图4.110　**美化场景**

第五章

作品的发布与测试

第一节 发布与设置

目前国内发布的游戏需要通过国内官方的审核才能上架到国服APP平台。我们发布的游戏要让大家都能够搜索到，需要设置名字与相关的图标。

▶扫码看视频讲解◀

1. 游戏的发布

当我们完成游戏的创作，需要到线上进行测试或者正式发布时，就需要点击“发布”按钮，而发布又分为两种模式，这里分别介绍一下。

发布至 Roblox	Alt+P
发布至 Roblox为...	Alt+Shift+P

图5.1 **选项列表**

① “发布至Roblox”，就是直接发布到当前游戏，前提是这个游戏已经发布过，会直接覆盖，不需要设置。步骤为点击“文件”跳出如图5.1的选项列表，点击“发布至Roblox”。

② “发布至Roblox为...”，就是把当前编辑的游戏发布到任意我们想要覆盖的其他游戏或者原来游戏里面，多了一个可以选择的

过程，当然也可以创建新游戏，如图5.2所示。

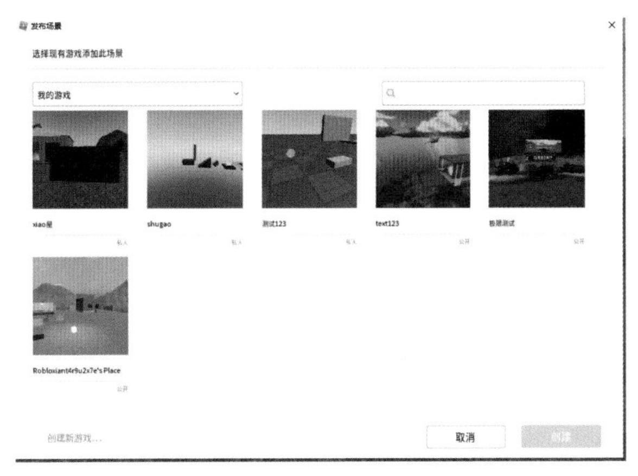

图5.2 **发布场景**

2. 设置游戏

无论是第一次发布还是创建新游戏，都需要给游戏做一些设置。

① 设置游戏的名字与描述，如图5.3。

图5.3 **设置游戏名字与描述**

② 确定我们的游戏属于什么类型（主题），这样便于官方在收录的时候分类，也更利于推荐，如图5.4。

图5.4 设置游戏类型

③ 设备的种类一般默认，不建议进行设置修改。

④ 点击“创建”后得到如图5.5的界面。我们的设置还没有完成，因为游戏的头像图标与轮播图标还未设置。

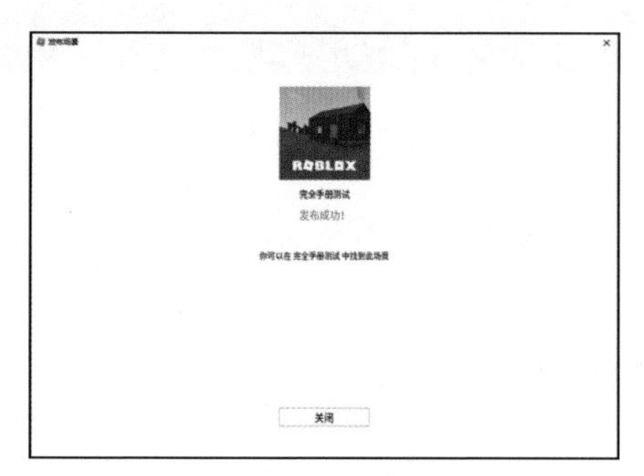

图5.5 游戏初步界面

a. 点击工具栏的“游戏设置”按钮，如图5.6所示。

图5.6 点击“游戏设置”

b. 在基础信息里面会看到游戏图标，如图5.7。可以上传自己做好的游戏图标，用于官网显示。

图5.7　游戏图标设置

c. “截图与视屏”就是我们常说的轮播图，当玩家点进去游戏后，能够看到我们放上去的一些游戏内的截图，能够吸引新玩家加入游戏。设置界面如图5.8所示。

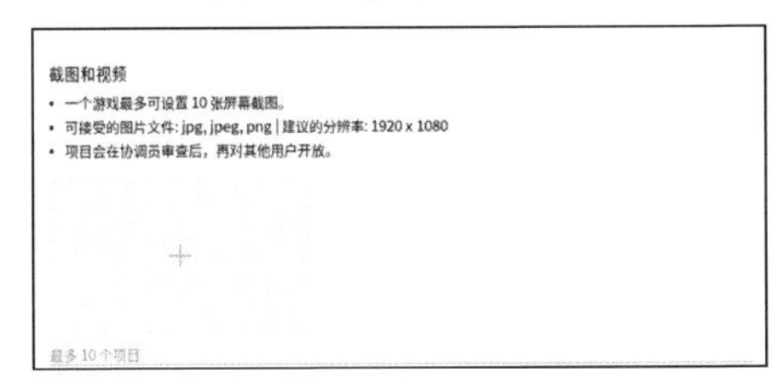

图5.8　设置轮播图

已经上线的游戏轮播图效果如图5.9所示。

图5.9　轮播图效果

⑤ 权限请设置公开，如图5.10，不然玩家无法进入到我们的游戏去进行体验。

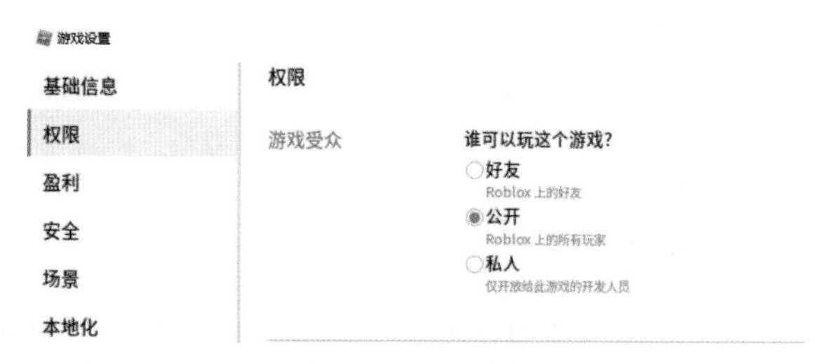

图5.10　**设置权限**

⑥ 安全权限。当我们的游戏涉及数据交换、地图与地图之间的传送时，根据游戏的需要打开相应的权限即可，如图5.11。

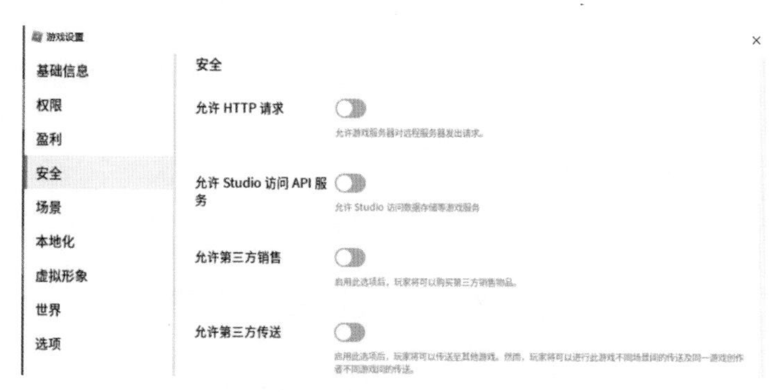

图5.11　**安全权限**

3. 历史记录

历史记录是当我们在开发游戏的过程中，发生未知情况或者误操作导致游戏数据丢失或者不可逆的改变时用到的功能。打开方式如图5.12所示。

只要我们的游戏在编辑的过程中有过手动点击保存、自动保存或者发布过，那么在场景里就能够找到历史版本记录，选择我们想要回到的版本，然后覆盖游戏发布即可。

图5.12　**打开历史记录**

历史版本以发布或者保存的时间为标签，便于我们查找。界面如图5.13所示。

图5.13　**历史记录界面**

到这里一款游戏的发布与设置就完成了。

第二节　测试

测试游戏至关重要。由于所有Roblox游戏中都存在客户端-服务器模型，因此在游戏发布之前，在各种模式下测试游戏是很重要的。只有测试成功，没有影响游戏体验的bug后才可以发布游戏。

▶扫码看视频讲解◀

1. 单机测试

Roblox Studio中的“开始游戏”和“在这里开始游戏”模式统

称“单机游玩”模式，如图5.14所示。“开始游戏”会将你的虚拟形象插入到游戏中的SpawnLocation（出生点），而“从这里开始游戏”则会将你的虚拟形象插入到当前镜头位置，这种情况下镜头有可能在空中，导致玩家刚开始游戏就摔死！

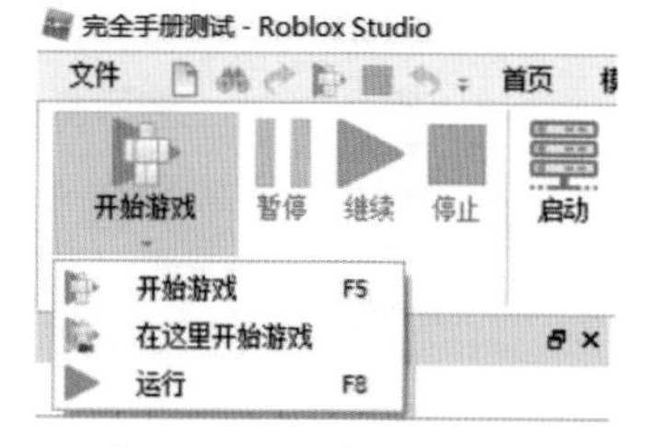

图5.14 单机游玩

在这些模式下进行测试时，Roblox Studio会运行两个单独的模拟程序（一个客户端模拟程序和一个服务器模拟程序），这可以让你对游戏在制作中的执行方式有更准确的印象。例如：

· LocalScript将在客户端数据模型上运行并遵守客户端规则，它们不会在整个游戏世界中创建对象。

· Script将在服务器数据模型上运行，它们不会影响客户端实例，如玩家的本地ScreenGui。

2. Client/Server Toggle（客户端/服务器切换）

若要在客户端和服务器模式之间切换，请在模拟时单击“客户端/服务器切换”按钮，如图5.15。

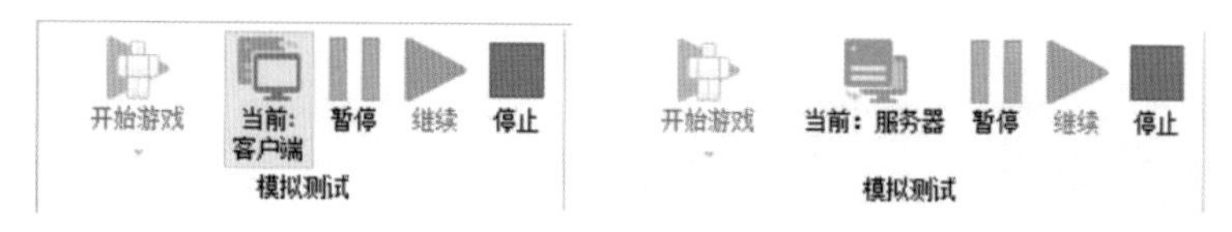

图5.15 客户端/服务器切换

运行模式与单机游玩的服务器模式类似，但它不会将玩家虚拟形象插入游戏。模拟从当前镜头位置开始，你可以使用标准的Roblox Studio镜头控件在游戏世界中移动，其他功能与“开始游戏”的选项都没有区别，只是不会插入玩家形象到游戏里面而已，如图5-16所示。

图5.16 运行模式

3. 玩家模拟器

各种本地化和游戏内容政策可通过“玩家模拟器”进行测试。方法如下：

① 在Roblox Studio中选择“测试”选项卡。

② 点击“玩家”按钮。

在模拟器窗口打开后，如图5.17，切换开启“启用测试配置文件”来在试玩时启用模拟器。请注意，即使窗口关闭之后，模拟器仍将保持切换的状态（开启或关闭）。

图5.17 玩家模拟器

模拟器窗口下方选项说明如表5.1所示。

表5.1 模拟器选项说明

选项	描述
区域设置	让你在试玩时模拟一种语言地域，默认设置为你的Roblox地域
区域	让你在试玩时模拟玩家的国家/地区，此选项可能会影响到与下面三个选项相关的策略切换，默认设置为你的Roblox国家/地区
ArePaidRandomItems Restricted	模拟一个国家/地区是否限制付费随机物品生成器。如果你实装虚拟物品，你应该检查GetPolicyInfoForPlayerAsync( )的ArePaidRandomItemsRestricted布尔值来判断是否允许此类物品

通过在单机游玩模式中试玩来测试选择的设置。

4. 多客户端模拟

利用“测试”选项卡中的“服务器/玩家”选项，你可以启动多个Roblox Studio进程，让其中一个进程充当服务器，而其他进程则充当客户端。

① 在Roblox Studio中选择“测试”选项卡。

② 在客户端和服务器部分，确保选中上方框中的“本地服务器”（图5.18）。

③ 在下一个框中，选择需要测试的玩家进程数量（通常来说1名玩家即可），如图5-19所示。

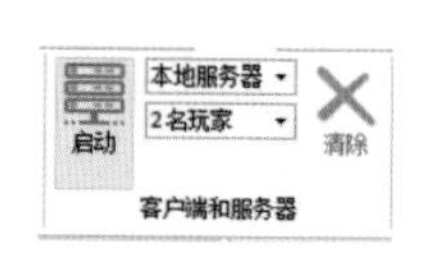

图5.18 **选择“本地服务器”**

图5.19 **选择玩家数量**

④ 按下“启动”按钮开始客户端-服务器模拟。

玩家和服务器进程启动后，你可以按照以下步骤启动更多的玩家进程：

• 在任意Roblox Studio进程的“客户端和服务器”菜单中，选择你想要添加的新进程数量。

• 按“开始游戏”按钮启动额外的玩家进程。

提示

根据我们自己电脑的配置与性能选择玩家人数。因为一个玩家会打开一个独立窗口模拟多人游戏，如果设置玩家人数过多，导致加载页面过多，电脑会非常卡顿。

5. 手机APP端测试

因为我们的游戏最终是要发布到国服上的，而目前国服只支持

APP端，所以在游戏创作过程中，我们时常要对游戏效果进行手机测试。然而Studio内的测试环境，始终与国服APP上的实际运行效果有着一定的差别。但是在国服APP上架，就必须要通过一系列的审核，所以学会在国服APP上测试自己的游戏是必要的。

① 打开国服罗布乐思APP，确保所要测试的游戏是以登录的账户发布的。

② 点击右下角的按钮，如图5.20所示，打开“更多”界面，如图5.21所示。

图5.20　APP菜单

图5.21　“更多”界面

③ 打开“个人资料”选中“作品”，然后找到自己要测试的游戏名字，如图5.22。

④ 进入到游戏后会发现有水印，表示这是测试用的版本，如图5.23。

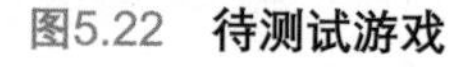

图5.22 **待测试游戏**

图5.23 **测试界面**

第三节 团队协作开发

协作开发顾名思义就是邀请他人同你一起开发一款游戏，这种开发不受时间空间的限制，可以高效及时地对游戏进行更改。

1. 邀请好友

按本章第一节内容打开游戏设置的权限设置。在图5.24处输入想邀请好友的用户名。

图5.24 搜索用户

输入邀请的好友的用户名，然后点击和目标用户ID相同的好友，如图5.25所示。

图5.25 选择用户

查看好友的方法是执行测试游戏的前三步，进入“个人资料”的界面，如图5.26。

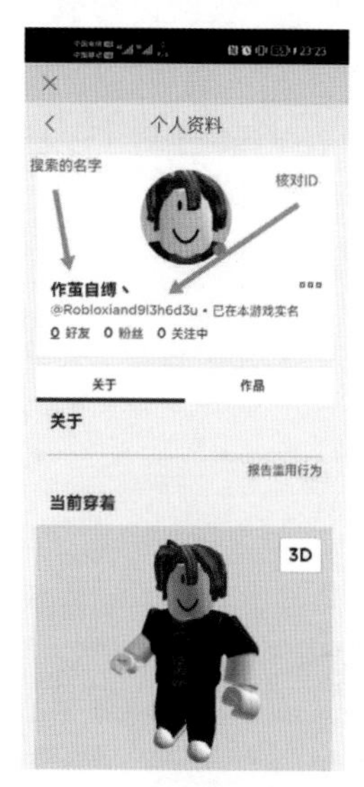

图5.26 **查看用户资料**

点击后向下滑动鼠标滚轮，就会看到该用户出现在了列表里。然后点击1号箭头的位置，如图5.27所示，选择“编辑”，最后点“保存”，那么玩家就可以和你一起开发同一款游戏了。记住一定要点“保存”哦。

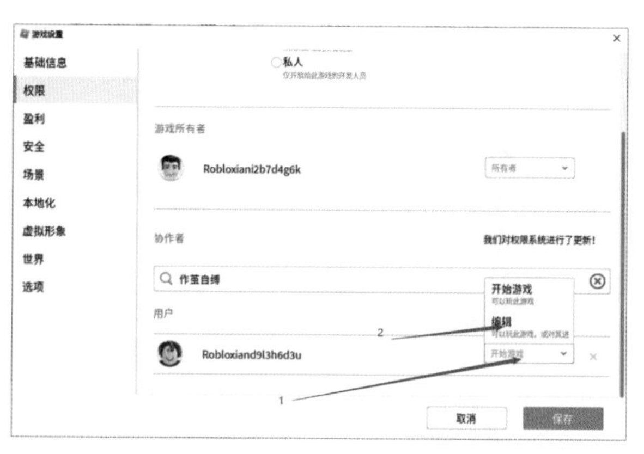

图5.27 **保存用户**

2. 接受邀请

如图5.28所示，接受邀请的好友按箭头1、2、3的顺序点击，就可以进入游戏一起编辑游戏场景了。

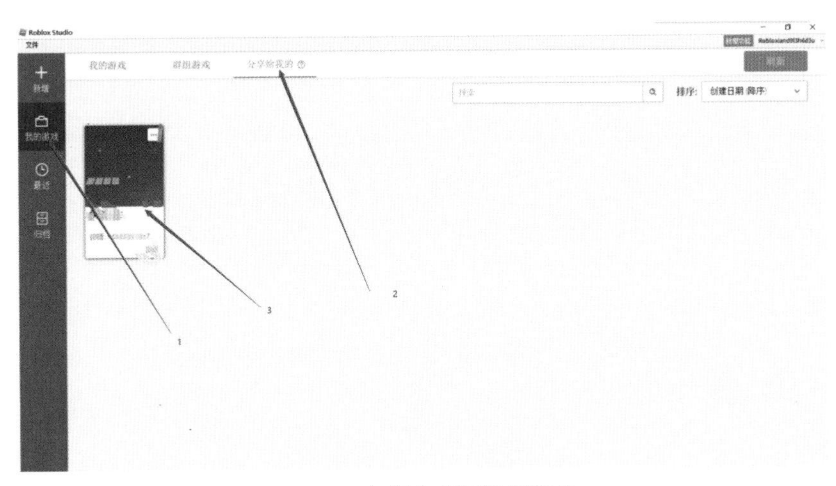

图5.28　与好友共同编辑游戏

到这里我们的Roblox开发入门之旅就结束啦！由于Roblox国服在不断更新中，与国际服版本相比还有一些功能需要完善，如国服的组队开发功能就没有国际服的好用，所以欢迎广大开发者提出改进建议。

如果想要了解实时更新的技术请加入以下QQ群：

① 作者与读者开发QQ群：9312475592

② 官方开发者QQ群：163421242